普通高等教育**数据科学**与**大数据技术专业教材**

U0193222

Python

语言程序设计实践指导

主　编◎张双狮

副主编◎王娟　李思佳　何巍　吴春颖

中国水利水电出版社
www.waterpub.com.cn
·北京·

内 容 提 要

本书围绕 Python 语言的数据结构和算法设计，通过大量实例分析，比照《Python 语言程序设计》（ISBN 978-7-5170-9203-2）教材的章节顺序，从 Python 编程初步、Python 语言基础、Python 组合数据类型、Python 控制结构、Python 函数与模块、Python 面向对象编程、Python 文件操作、Python 数据库操作、Python 数据分析初步、Python 图形界面编程、Python 数据可视化 11 个方面，按照问题场景描述、问题算法分析、自然语言算法描述、流程图算法描述和 Python 程序算法描述的逻辑顺序展开每一个实践题目，循序渐进地引导读者掌握 Python 编程的思路、方法和流程。

本书可作为大数据专业学生程序设计学习的教材，也可作为高等院校"Python 程序设计"课程的教材，还可作为喜爱程序设计和数据分析的人员的快速入门自学参考书。

图书在版编目（ＣＩＰ）数据

Python语言程序设计实践指导 / 张双狮主编. -- 北京 : 中国水利水电出版社, 2022.9
普通高等教育数据科学与大数据技术专业教材
ISBN 978-7-5226-0971-3

Ⅰ．①P… Ⅱ．①张… Ⅲ．①软件工具－程序设计－高等学校－教材 Ⅳ．①TP311.561

中国版本图书馆CIP数据核字(2022)第163589号

策划编辑：石永峰　责任编辑：石永峰　加工编辑：王玉梅　封面设计：梁　燕

书　　名	普通高等教育数据科学与大数据技术专业教材 Python 语言程序设计实践指导 Python YUYAN CHENGXU SHEJI SHIJIAN ZHIDAO
作　　者	主　编　张双狮 副主编　王　娟　李思佳　何　巍　吴春颖
出版发行	中国水利水电出版社 （北京市海淀区玉渊潭南路 1 号 D 座　100038） 网址：www.waterpub.com.cn E-mail：mchannel@263.net（万水） 　　　　sales@mwr.gov.cn 电话：（010）68545888（营销中心）、82562819（万水）
经　　售	北京科水图书销售有限公司 电话：（010）68545874、63202643 全国各地新华书店和相关出版物销售网点
排　　版	北京万水电子信息有限公司
印　　刷	三河市航远印刷有限公司
规　　格	210mm×285mm　16 开本　13 印张　324 千字
版　　次	2022 年 9 月第 1 版　2022 年 9 月第 1 次印刷
印　　数	0001—2000 册
定　　价	39.00 元

在 2022 年 4 月 TIOBE 的编程语言排行榜中，Python 依然位居榜首，为当前世界上最受关注的编程语言。Python 在人工智能、大数据分析、数值计算以及游戏娱乐等领域有着广泛的应用，当然这是与其免费开源、面向对象、轻松入门、简单实用等特点分不开的。Python 在高等教育中已经逐步替代了传统的 Visual Basic，并且在中小学基础教育中也开始生根发芽，遍地开花。在实际的教学中我们发现，学习者使用 Python 的库、包、模块和函数去完成特定简单任务没有什么问题，但是涉及深入应用其独具特色、灵活强大的数据结构设计算法、函数、自定义类、自定义模块等来实现定制应用时就会感到茫然，无从下手。究其原因，主要是缺乏对程序设计原理的把握和对程序设计规律的认识。这也就是说，使用 Python 编程，计算思维并没有得到很好的培养，这也是部分程序设计教育工作者诟病 Python 的地方，甚至说 Python 不是标准编程语言，不宜在高等教育中普及。从根本上来说，计算思维的培养与编程语言没有直接关系，而是与老师对 Python 的认识、对程序设计规律的认识有直接关系。鉴于此，我们在编写了《Python 语言程序设计》（ISBN 978-7-5170-9203-2）之后，进一步编写了这本《Python 语言程序设计实践指导》，书中提供了大量编程实践项目，目的是引导读者更加注重计算思维能力的训练和提升。

可以从以下四个方面阅读、学习本书：

（1）注重工具软件和第三方库的下载安装方法与使用技巧。作为开源软件、胶水语言，Python 拥有非常丰富的第三方库和例程，已经形成了庞大的技术生态，这为我们的编程工作带来了极大的便利，但同时，也给初学者带来不小的困扰和挑战，就是什么东西都得自己动手做。本书在相应的章节实践项目中安排了较为详细的操作指导，如 Python 数据库操作、Python 数据分析初步、Python 数据可视化等章节。目的是让读者能尽快适应开源软件的特点。

（2）注重实践训练，亲测书中全部代码。程序是编出来的，代码是敲出来的。所谓百闻不如一见，百看不如一试，学习编程就是要注重实践，只有实践才能掌握人机交流的方法和技巧，体会到程序调试的精髓，感受到程序设计的乐趣。本书提供了丰富的实践训练项目，每一个项目都配有详细的参考代码，供读者学习阅读和修改测试。

（3）注重问题的认识，问题的分析，解决问题步骤的描述、流程的描述。使初学者不再畏惧编程的主要方法是让他们明白人与计算机交流和人与人交流本质上是相同的，程序语言只不过是去掉修饰描写和抒情，只注重逻辑顺序流程规律罢了。一旦能把程序设计当成是一种沟通交流（说活、表达、写文章）的方式，就初步具有了计算思维。只要勤加训练，熟悉了所学语言的语法规则，就能渐渐理解形式化表达的方法，掌握形式化表达的规律，最终不断提升计算思维能力。本书对较为典型的实践项目都从问题分析、算法自然语言描述、算法流程图描述和算法程序代码展示几个方面展开指导。只要读者反复阅读、勤加练习，必会有所体悟。

（4）注重体会形式化表达的方法和规律。我们已经进入智能社会，计算机渗透到社会的各个领域，理解机器智能的特点和规律已经成为新的常识。按照当前计算机冯·诺依曼体系结构，其工作、交流和表达都遵循形式逻辑规律，而没有像人一样有情感和主观能动性。通过编程理解机器智能形式化表达的特点是最直接、最有效的方法。本书实践项目案例多数从问题描述、输入形式、输出形式、样例输入、样例输出和样例说明等几个方面给出，让读者充分体会机器智能的特点和人机交互的规律。而参考程序也按照申请内存、输入、计算和输出这样的流程进一步强化读者对形式化表达特点和规律的认识。

本书共 11 章，每一章开始的思维导图都是对本部分实践项目的梳理，开门见山给读者展示本部分的内容和思路，以便读者在学习中始终把握整体和保持思路清晰。每一章开头的实践导读都给出了本次实践的核心思想、方法和流程，列出了需重点掌握的知识点和关键技术。而实践目的则列出对具体知识、技能和素养的要求。每一章的小结都是对本章实践要点的具体解释，以供读者复习查询所用。

各章的主要内容和设计思路如下：

第 1 章 Python 编程初步。通过本章实践让读者理解 Python 作为一种跨平台的脚本编程语言，可以在 Linux、Windows、Mac OS 等系统下安装和使用，并且可以在任何一个文本文件编辑器中编辑。读者应掌握 IDE、Jupyter Notebook、PyCharm、VS Code 四种常用 Python 代码编辑器的下载安装和配置方法，掌握 Python 在不同编辑器中的程序调试方法与快捷键的使用方法，以及文件管理方法。

第 2 章 Python 语言基础。通过本章实践让读者理解 Python 作为一种编程语言，具有与其他编程语言相似的基本数据类型、运算符和表达式，它们是程序设计的基础。Python 的内置函数众多且功能强大，不仅成熟、稳定，而且运算速度相对较快，因此，编写程序时应优先考虑使用系统函数。读者应熟练掌握 Python 基本数据类型的表示及特点，常量和变量的定义及赋值方式，基本运算符的功能及优先级规则，表达式的组成、书写及计算，熟练掌握 Python 常用系统函数的功能及使用方法。

第 3 章 Python 组合数据类型。通过本章实践让读者理解组合数据类型是 Python 语言区别于其他高级编程语言的一大特色，编程人员使用组合数据类型省去了其他语言中各种复杂数据结构的设计，极其方便，这也是 Python 流行于数据分析领域的原因之一。读者应熟练掌握 Python 组合数据类型——列表、元组、字符串、字典、集合的创建、访问和常见的基本操作方法，熟悉 Python 组合数据类型的实际应用，掌握序列解包的常用操作。

第 4 章 Python 控制结构。通过本章实践让读者理解程序控制结构是人类对物质运动规律认识的抽象和总结。程序通过顺序、选择和循环三种控制结构对物质运动规律的描述与马克思主义自然哲学对物质运动规律的解释殊途同归，二者交相辉映，相得益彰，读者可同步学习程序控制结构和马克思主义自然哲学原理，理解与掌握程序控制结构，提升计算思维能力和程序设计能力，事半功倍。读者应理解程序的基本结构为申请内存、输入、计算和输出，掌握选择结构程序设计方法，熟练使用 if 语句，掌握循环结构程序设计方法，熟练使用 for 语句和 while 语句，熟练掌握常用算法的程序设计方法。

第 5 章 Python 函数与模块。通过本章实践让读者理解函数是一种复用技术，通过使用函数可以进一步提高程序的可读性，促进数据代码分离，设计函数应该遵循内部高内聚、之间低耦合的规律。读者应熟练掌握 Python 函数的定义和调用、函数的参数传递、变量的作用域、Python 的标准库、Python 的第三方库、典型库的应用和自定义库的编写方法，巩固对书中理论知识的理解，达到融会贯通的目的。

第 6 章 Python 面向对象编程。通过本章实践让读者理解类是人类对现实世界各种事物认识的抽象和总结，通过构造线性和非线性数据结构类及其操作，辅助读者理解类和对象的概念，加深对数据结构的认识。读者应掌握类和对象的定义，实例化方法；理解类属性、实例属性、私有属性和公有属性，实例方法、类方法、静态方法、私有方法和公有方法，继承性、封装性和多态性的概念和使用形式。

第 7 章 Python 文件操作。通过本章实践让读者理解文件是存储在外存储介质中的数据，不同的文件结构导致不同的文件类型，不同文件有着不同的用途，需要不同的读写方法和参数。读者应熟练掌握读写文本文件、二进制文件、CSV 文件和 JSON 文件的方法和流程。

第 8 章 Python 数据库操作。通过本章实践让读者理解数据库在大量数据的快速共享存取访问，保持数据的一致性和完整性，保持数据与应用程序的独立性方面的优势。读者应熟练掌握 MySQL 数据库的安装和使用；pymysql（Python DB-API for MySQL）的安装；Python 通过 SQL 语句操作 MySQL 数据库、数据表和数据记录的方法和流程。

第 9 章 Python 数据分析初步。通过本章实践让读者理解 Python 的第三方库 Pandas 非常适合对海量异构数据进行快捷处理，不需要像数据库操作那样先安装 DBMS，因此其在数据分析中占有非常重要的地位，也发挥着非常重要的作用。读者应熟练掌握 Pandas 库的查看和安装方法；Pandas 一维数据结构、二维数据结构的使用；Pandas 的重要方法和函数；运用 Pandas 常用函数进行数据分析的方法和基本流程。

第 10 章 Python 图形界面编程。通过本章实践让读者理解 tkinter 是 Python 进行 GUI 开发的标准库，不需要额外安装和配置，使用方便。读者应熟练掌握用 tkinter 进行图形界面程序编写的流程和方法，包括界面布局和控制、界面上图形控件的放置、属性的设置以及事件响应的程序编写；掌握 tkinter 库及其子库中常用组件和对象的使用。

第 11 章 Python 数据可视化。通过本章实践让读者理解可视化是利用人眼的感知能力对数据进行交互的可视表达以增强认知。它将不可见或难以直接显示的数据转化为可感知的图形、符号、颜色、纹理等，提高数据识别效率，传递有效信息。读者应熟练掌握 Matplotlib 数据可视化核心拓展库的使用方法，熟悉大量的定制选项，实现对图形的深度定制和跨平台的交互式图形可视化。

本书由张双狮任主编，负责全书的策划设计和统稿工作，王娟、李思佳、何巍、吴春颖任副主编。主要编写人员分工如下：张双狮编写第 4、9 章，张双狮与何巍共同编写第 8 章，王娟编写第 5 章，李思佳编写第 2、3、10 章，何巍编写第 1、7、11 章，吴春颖编写第 6 章。

本书是全国高等学校计算机教育研究会课题"面向警务新工科的公安信息化基础教学改革与实践研究"（编号：2021-AFCEC-522）、河北省高等教育教学改革研究与实践项目"基于大数据的警务课程考核平台构建与教学实践研究"（编号：2019GJJG460）的阶段性成果。

本书的编写得到了很多人的支持和帮助。非常感谢中国人民警察大学刘义祥副校长、数据警务技术专业负责人兰月新教授，他们对本书的编写提出了良好建议。还要感谢 Python 官网、Python 数据分析和可视化库官网、CSDN、菜鸟教程、博客园、C 语言中文网等网站及其社区的热心博主，他们写了许多非常精彩的、超有参考价值的文章。此外，还要感谢中国水利水电出版社万水分社杨庆川社长对大数据系列丛书出版的支持、策划和建议，感谢石永峰副社长在本书的编写过程中给予的耐心指导和非常细致的校对，以及多次提出的良好建议，特别是他对编写方式及插入图表的策划，使得本书能够更好地用于教学。感谢河北大数据联盟主席安志远教授的热心组织和辛勤付出，感谢大数据联盟兄弟院校的老师们对本书编写提出的宝贵意见和建议，祝愿他们在以后的工作和生活中一切顺利。

由于时间仓促，加之编者水平有限，书中不妥之处在所难免，敬请广大读者批评指正。

张双狮

2022 年 6 月于中国人民警察大学

目 录

第 1 章　Python 编程初步

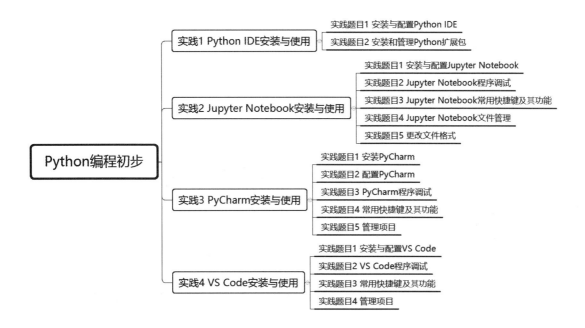

Python 是一种跨平台、开源的解释型语言，具有丰富的第三方扩展包，是很多领域的首选编程语言。工欲善其事，必先利其器。本章将介绍常用的 Python 编辑器的安装与使用方法，例如 Python IDE、Jupyter Notebook、PyCharm、VS Code 等。合理利用这些工具，可以高效地开发 Python 程序。

本章的主要知识点如下：

- Python 作为一种跨平台的编程语言，可以在 Linux 系统、Windows 系统、Mac OS 系统等系统下安装和使用。读者可以通过图形界面在 Windows 系统下安装，安装完毕后注意要正确设置环境变量。

- Jupyter Notebook、PyCharm、VS Code 是常用的 Python 代码编辑器，合理使用这些工具，可以有效提高 Python 程序的开发效率。其中，PyCharm、VS Code 要设置好代码解释器，才能正常使用，同时这两种编辑器可用于管理大型编程项目。

- 掌握 Python IDE、Jupyter Notebook、PyCharm、VS Code 的安装与配置。
- 掌握 Python 在不同编辑器中的程序调试方法与快捷键。
- 掌握 Python 在 Jupyter Notebook、PyCharm、VS Code 中的文件及相关管理方法。

实践 1 Python IDE 安装与使用

编写一个 Python 程序，要经过从源程序的录入到程序的调试、编译与运行等步骤，而在进行 Python 程序的编写之前，需要下载和安装 Python 源程序并配置环境变量。

实践题目 1 Windows 系统下 Python IDE 的安装与配置

1. 下载 Python

打开 Python 官网地址 https://www.python.org/downloads/，在下载页面中找到所需版本文件的下载链接，在单击链接后进入的页面中选择与本机系统对应的 64 位安装程序或 32 位安装程序进行下载，下面以 Python 3.7.0 为例进行安装说明。

说明：

（1）x86-64 适用于 64 位操作系统、x86 适用于 32 位操作系统。

（2）embeddable zip、executable installer、web-based installer 的区别如下。

embeddable zip：下载的是一个压缩文件，解压后即表示安装完成。

executable installer：下载的是一个几十兆字节的 exe 可执行程序，离线安装。

web-based installer：zip 下载的是一个几兆字节的 exe 可执行程序，需要连网安装。

2. 安装 Python

双击运行下载的 Python 3.7.0.exe 文件，在弹出的对话框中单击"运行"按钮即可开始安装。

（1）安装前对安装过程进行设置，选择是否勾选以下两个选项，如图 1-1 所示。

Install launcher for all users (recommended)：安装的 Python 是否对所有用户可用。

Add Python 3.7 to PATH：是否将 Python 安装目录添加到环境变量 PATH 中。

注意：若勾选，则安装时会自动添加环境变量；若未勾选，则需要安装成功之后，用户再手动添加环境变量。

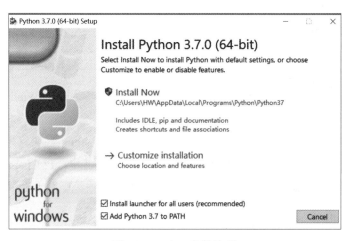

图 1-1 Python 安装选项

（2）安装路径有两种选择，根据需要选择安装路径。

默认安装路径，选择 Install Now。

用户定义路径，选择 Customize installation。

如果选择 Customize installation，则需要接着进行如下设置。首先需要选择要安装的插件，如图 1-2 所示。选择好后，单击 Next 按钮。

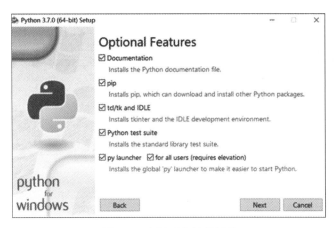

图 1-2　选择要安装的插件

（3）单击 Browse 按钮，选择需要安装的路径，之后单击 Install 按钮进行安装，等待安装过程执行完毕。

（4）安装完成后，会出现 Setup was successful 的界面，单击 Close 按钮，完成基本安装。

（5）安装结束后在系统的"开始"菜单中会新增一个 Python 3.7 文件夹，文件夹中包含 4 个程序项目：IDLE、Python 3.7、Python 3.7 Manuals 和 Python 3.7 Module Docs，如图 1-3 所示。

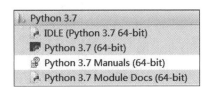

图 1-3　安装完毕后的"开始"菜单

（6）检测是否安装成功，按 Windows+R 组合键调出"运行"界面，输入 cmd，再单击"确定"按钮。输入 python，按 Enter 键。如果安装成功，返回如图 1-4 所示的 Python 版本信息。否则，则表示"环境变量"没有配置成功，需要用户手动配置。输入 exit()，按 Enter 键，退出 Python 编辑环境。

图 1-4　Python 安装成功

3. 手动配置环境变量

（1）若需要手动配置环境变量，右击"计算机"，选择"属性"命令，进入"高级系统设置"，然后依次选择"系统属性"→"高级"→"环境变量"，进入"环境变量"界面。

（2）设置"环境变量"。

1）"环境变量"中的 Path 作用：当要求系统运行一个程序而不清楚此程序所在的完整路径时，系统除了在当前目录下寻找此程序外，还会在 Path 变量内的目录中寻找。

2）"环境变量"中有两个变量，分别是：

用户变量：当前使用的用户所独有的"环境变量"。

系统变量：所有用户都可以访问的"环境变量"（系统变量）。

如果安装 Python 前勾选了 Add Python 3.7 to PATH，则"用户变量"中会自动添加变量 Path，且 Path 对应的值为 Python 安装路径下的系统文件，例如"D:\ITSoftware\Python\Python37\Scripts;D:\ITSoftware\Python\Python37;"。若 Path 对应的值不包含以上值，则说明自动添加环境没有成功，就需要用户手动追加以上值。

用户也可以配置"系统变量"，这样切换用户的话，也就无需再配置"用户变量"。选中"系统变量"的 Path，单击"编辑"，在"变量值"中后面追加"D:\ITSoftware\Python\Python37\Scripts;D:\ITSoftware\Python\Python37;"，然后单击"确定"按钮。

实践题目 2　安装和管理 Python 扩展包

1. pip 工具的功能

pip 是 Python 的包管理工具，pip 和 pip3 版本不同，都位于 Scripts\ 目录下。如果系统中只安装了 Python 2.x，则只能使用 pip。如果系统中只安装了 Python 3.x，则既可以使用 pip 也可以使用 pip3，二者是等价的。如果系统中同时安装了 Python 2.x 和 Python 3.x，则 pip 默认给 Python 2.x 使用，pip3 指定给 Python 3.x 使用。

2. 更新 pip 工具

在命令提示符窗口中输入 pip show pip，可以查看 pip 的版本，如果出现类似"You are using pip version 7.1.2, however version 10.0.1 is available."的提示信息，说明本地安装的 pip 版本太低，需要更新 pip，否则很多包将无法安装。

在命令提示符窗口中输入 python -m pip install --upgrade pip，程序会自动升级 pip，升级完成后会显示类似 Successfully installed pip-10.0.1 的提示信息。

此时，可以在命令提示符窗口中重新输入 pip show pip，查看 pip 版本的更新情况。

3. 安装第三方包

使用 pip install < 包名 > 命令可以安装指定的第三方资源包。例如在命令提示符窗口中输入：

```
pip install ipython　# 安装 ipython 包
```

注意，使用 install 命令下载第三方资源包时，默认是从 pythonhosted 下载，由于各种原因，在国内下载速度相对来说比较慢，在某些时候甚至会出现连接超时的情况，这时可以使用国内镜像来提高下载速度。

如果只是想临时修改某个第三方资源包的下载地址，在第三方包名后面添加 -i 参数，再指定下载路径即可，格式为 pip install < 包名 > -i < 国内镜像路径 >。例如：

```
pip install ipython -i https://pypi.tuna.tsinghua.edu.cn/simple/
```

常见国内镜像：

阿里云：https://mirrors.aliyun.com/pypi/simple/

中国科技大学：https://pypi.mirrors.ustc.edu.cn/simple/

豆瓣（douban）：https://pypi.douban.com/simple/

清华大学：https://pypi.tuna.tsinghua.edu.cn/simple/

中国科学技术大学：https://pypi.mirrors.ustc.edu.cn/simple/

4. 卸载第三方包

使用 pip uninstall ＜包名＞ 命令可以卸载指定的第三方资源包。例如在命令提示符窗口中输入：

```
pip uninstall ipython   # 卸载 ipython 包
```

实践 2　Jupyter Notebook 安装与使用

Jupyter Notebook 是基于网页的用于交互计算的应用程序，可被应用于全过程计算、开发、文档编写、运行代码和展示结果。Jupyter Notebook 结合了 Web 应用程序和笔记本文档两个组件。Web 应用程序是一种基于浏览器的工具，用于交互式创作文档，该工具结合了解释性文本、数学、计算及其富媒体输出。

实践题目 1　Jupyter Notebook 安装与配置

常用的安装方式有两种：一种是使用 Anaconda 安装，另一种是使用 pip 命令安装。

【方法一】使用 Anaconda 安装 Jupyter Notebook。

Anaconda 是一个方便的 Python 包管理和环境管理软件，其包含了 conda、Python 等 180 多个科学包及其依赖项。对于新用户，使用 Anaconda 可以方便地安装 Python、Jupyter Notebook 和其他常用的用于科学计算和数据科学的软件包。

Anaconda 的官方下载地址为 https://www.anaconda.com/distribution/，包含 Windows、Mac OS 和 Linux 三个平台的版本，读者可以选择一个适合自己平台的版本下载安装。这里以 Windows 平台 64 位 Python 3.7 版本的安装为例进行说明。

（1）双击下载的安装程序进行安装，在欢迎界面中单击 Next 按钮。

（2）在用户协议界面中选择 I Agree 复选项。

（3）在安装类型窗口选择 Just Me 或 All User。

（4）在安装选项窗口，勾选所有选项，如图 1-5 所示。第一个选项是将 Anaconda 添加到环境变量中，第二个选项是将 Anaconda 中的 Python 3.7 作为系统默认的 Python 版本。然后单击 Install 按钮，稍等片刻即可完成安装。

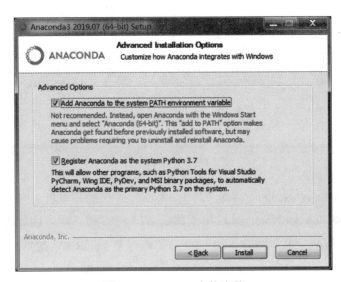

图 1-5　Anaconda 安装选项

（5）Anaconda 安装完毕后会在"开始"菜单中创建 Anaconda 程序目录，并在其中创建 Anaconda Prompt、Jupyter Notebook 等程序项。

（6）单击程序目录中的 Jupyter Notebook 程序项，即可自动启动浏览器窗口打开 Jupyter Notebook 工具。

【方法二】使用 pip 命令安装 Jupyter Notebook。

使用 pip 命令安装 Jupyter Notebook 的前提是本地已经安装了 Python 程序（3.3 版本及以上，或 2.7 版本）。

1. 把 pip 升级到最新版本

如果安装的是 Python 3.x，在终端输入如下命令：

```
pip3 install --upgrade pip
```

如果安装的是 Python 2.x，在终端输入如下命令：

```
pip install --upgrade pip
```

注意：老版本的 pip 在安装 Jupyter Notebook 过程中或面临依赖项无法同步安装的问题，因此建议先把 pip 升级到最新版本。

2. 安装 Jupyter Notebook

如果安装的是 Python 3.x，在终端输入如下命令：

```
pip3 install jupyter
```

如果安装的是 Python 2.x，在终端输入如下命令：

```
pip install jupyter
```

等待命令执行完毕即可。

3. 启动 Jupyter Notebook

在终端中输入以下命令：

```
jupyter notebook
```

执行命令之后，在终端中将会显示一系列 Notebook 的服务器信息，同时浏览器将会自动启动 Jupyter Notebook。启动过程中终端显示内容如下：

```
$ jupyter notebook
[I 08:58:24.417 NotebookApp] Serving notebooks from local directory: /Users/catherine
[I 08:58:24.417 NotebookApp] 0 active kernels
[I 08:58:24.417 NotebookApp] The Jupyter Notebook is running at: http://localhost:8888/
[I 08:58:24.417 NotebookApp] Use Control-C to stop this server and shut down all kernels (twice to skip confirmation).
```

注意：之后在 Jupyter Notebook 的所有操作，都请保持终端不要关闭，因为一旦关闭终端，就会断开与本地服务器的连接，将无法在 Jupyter Notebook 中进行其他操作。

当执行完启动命令之后，浏览器将会进入到 Notebook 的主页面，此时浏览器地址栏中默认地将会显示：http://localhost:8888。其中，localhost 指的是本机，8888 则是端口号。如果同时启动了多个 Jupyter Notebook，由于默认端口 8888 被占用，因此地址栏中的数字将从 8888 起，每多启动一个 Jupyter Notebook 数字就加 1，如 8889、8890……

实践题目 2　Jupyter Notebook 程序调试：使用 Numpy 生成等差数列 x 和 y，并绘制 y=x² 相对应的曲线。

1. 创建新程序

选择要保存程序的目标文件夹，单击 Jupyter Notebook 右上方窗口的 New 下拉按钮，在下拉列表中选择 Python 3 即可创建一个 Python 3 新程序，如图 1-6 所示。

图 1-6　创建 Python 3 新程序

2. 输入程序代码

在新建的 Jupyter 文件中，In 右侧是一个空的方括号，这里主要用于显示运行后的程序块的编号（因为还没有运行程序，所以这里暂时空白）。In[ ] 后面是一个程序框，可以输入 Python 程序代码。

在程序框中输入如下代码（按 Enter 换行）。

```python
import matplotlib.pyplot as plt
import numpy as np
x=np.linspace(0,10,num=20)    #np.linspace 创建等差数列
y=x**2
plt.plot(x,y)
plt.show()
```

3. 执行语句

按 Shift+Enter 组合键执行该程序框中的语句，得到如图 1-7 所示的曲线。

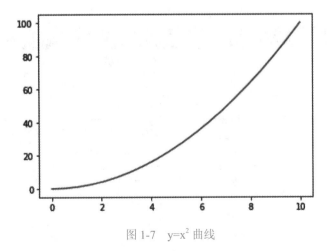

图 1-7　y=x² 曲线

实践题目 3 请列出 Jupyter Notebook 中常用的快捷键及其功能

Jupyter Notebook 中的单元格有两种模式：编辑模式（Edit Mode）和命令模式（Command Mode），在不同模式下使用的快捷键有所不同。

1. 编辑模式（Edit Mode）

在编辑模式下，单元格左侧边框线呈现绿色，按 Esc 键或运行单元格（按 Ctrl+Enter 组合键）切换回命令模式。在编辑模式下，常用快捷键及其功能见表 1-1。

表 1-1 编辑模式下的常用快捷键及其功能

快捷键	功能
Tab	代码补全或缩进
Shift+Tab	提示
Ctrl+]	缩进
Ctrl+[	解除缩进
Ctrl+Y	再做
Ctrl+A	全选
Ctrl+Z	复原
Ctrl+Up/Home	跳到单元开头
Ctrl+End/Down	跳到单元末尾
Esc	进入命令模式
Shift+Enter	运行本单元，选中下一个单元
Ctrl+Enter	运行本单元
Alt+Enter	运行本单元，在下面插入一个单元
Ctrl+Shift+-/Subtract	分割单元
Shift	忽略

2. 命令模式（Command Mode）

在命令模式下，单元格左侧边框线呈现蓝色，按 Enter 键或者双击 Cell 变为编辑状态。在命令模式下，常用快捷键及其功能见表 1-2。

表 1-2 命令模式下的常用快捷键及其功能

快捷键	功能
Enter	进入编辑模式
Shift+Enter	运行本单元，选中下一个单元
Ctrl+Enter	运行本单元
Alt+Enter	运行本单元，在下面插入新单元
Y	单元转入代码状态
M	单元转入 Markdown 状态
R	单元转入 raw 状态
1/2/3/4	设定 1、2、3、4 级标题
A	在上方插入新单元

快捷键	功能
B	在下方插入新单元
X	剪切选中的单元
C	复制选中的单元
Shift+V	粘贴到上方单元
V	粘贴到下方单元
Z	恢复删除的最后一个单元
Shift+M	合并选中的单元
S/Ctrl+S	文件存盘
H	显示快捷键帮助

实践题目 4　请列出 Jupyter Notebook 文件管理按钮及其功能

Jupyter Notebook 中所有交互计算、编写说明文档、数学公式、图片以及其他富媒体形式的输入和输出，都是以文档的形式体现的。这些文档是保存为后缀名为 ipynb 的 JSON 格式文件，不仅便于版本控制，也方便与他人共享。此外，文档还可以导出为 HTML、LaTeX、PDF 等格式。

Jupyter Notebook 文件管理位于编辑页面的菜单栏 File 中，单击 File 即可看到所有的文件管理选项，各选项的功能见表 1-3。

表 1-3　Jupyter Notebook 文件管理选项及其功能

选项	功能
New Notebook	新建一个 Notebook
Open	在新的页面中打开主面板
Make a Copy	复制当前 Notebook 生成一个新的 Notebook
Rename	Notebook 重命名
Save and Checkpoint	将当前 Notebook 存为一个 Checkpoint
Revert to Checkpoint	恢复到此前存过的 Checkpoint
Print Preview	打印预览
Download as	下载 Notebook 存为某种类型的文件
Close and Halt	停止运行并退出该 Notebook

实践题目 5　将"实践 4- 实践题目 1.ipynb"另存为"实践 4- 实践题目 1.py"

（1）单击 File 下拉列表中的 Open 按钮，会跳到目标文件中，选择"实践 4- 实践题目 1.ipynb"即可打开。

（2）单击 File 下拉列表中的 Download as 按钮，在下拉列表中选择 Python(.py)，如图 1-8 所示，即可完成对应格式的下载。

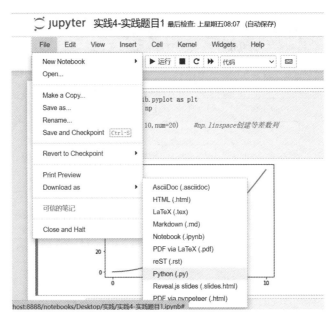

图 1-8   将 ipynb 文件转换为 py 文件

实践 3   PyCharm 安装与使用

PyCharm 是一款功能强大的 Python 编辑器，具有集成单元测试、代码检测、集成版本控制、代码重构、突出显示和自动完成等功能，同时具有跨平台性。本节主要介绍 PyCharm 在 Windows 下是如何安装与使用的。

实践题目 1   在 Windows 下安装 PyCharm

在安装 PyCharm 之前，要确保你的机器上已经安装了 Python 解释器，如果没有，请按照前面章节中的方法在 Windows 下安装 Python 解释器，保证 PyCharm 安装后能正常进行程序调试。

1. 下载 PyCharm

打开 PyCharm 官网地址 http://www.jetbrains.com/pycharm/download/#section =windows 进行下载。PyCharm 提供 Professional 和 Community 两个版本的下载。其中，Professional 版本表示专业版，需要付费使用；Community 版本表示社区版，可以免费使用。这里以 Community 版本为例进行说明，单击 Download 开始下载。

2. 开始安装 PyCharm

双击下载的 PyCharm 安装程序，会出现欢迎安装界面，主要介绍安装的注意事项。单击 Next 按钮继续安装。

3. 选择安装路径

通过 Browse 按钮选择 PyCharm 的安装位置，设置完成后单击 Next 按钮继续安装。

4. 选择安装选项

选择图 1-9 中所示安装选项，建议初学者勾选全部选项。勾选完成后，单击 Next 按钮继续安装。

Create Desktop Shortcut：创建桌面快捷启动图标。

Update PATH Variable：更新系统变量 PATH（如果需要在命令行操作 PyCharm，可以选择此项。如果选择这个选项，安装完毕后需要重启系统）。

Update Context Menu：在目录右键菜单中增加 PyCharm 功能，可以通过使用鼠标右键菜单打开项目的方式打开文件夹（如果需要经常下载代码进行查看，可以选择此项）。

Create Associations：将以 .py 为扩展名的文件关联到 PyCharm 编辑器，即通过双击打开文件时默认使用 PyCharm 打开。

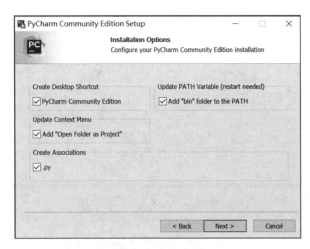

图 1-9　安装选项

5. 设置"开始"菜单文件夹

此处接受默认设置即可，表示 PyCharm 程序启动项在"开始"菜单中的文件夹名字。单击 Install 按钮开始安装。

6. 安装完成

安装完成后，会询问是否立即重新启动（Reboot now）还是稍后人工启动（I want to manually reboot later）。因为在步骤 4 中选择了 Update PATH Variable 选项，所以在安装结束时会提示重新启动系统以使安装生效。根据需求单击相应按钮之后，单击 Finish 按钮结束安装过程。

实践题目 2　在 Windows 下配置 PyCharm

1. 启动 PyCharm 程序

双击桌面上的 PyCharm 快捷启动图标，即可启动 PyCharm 程序。首次启动会弹出如图 1-10 所示的对话框，询问是否导入配置项。此处如果是首次安装使用，则选择不导入配置项，即 Do not import settings，然后单击 OK 按钮。

图 1-10　是否导入配置项

2. 创建一个新项目

欢迎页面的 Project 有三个选项，分别是 New Project（创建一个新项目）、Open（打开已有项目）、Get from VCS（从 VCS 中获取）。对于初次使用 PyCharm 的用户，单击 New Project 创建一个新项目。

3. 设置新项目

（1）设置新项目的名称和保存路径，可以修改图 1-11 中 Location 后面的内容进行设置。

（2）如果本地系统中没有安装 Python 解释器，PyCharm 会提示下载最新稳定版的 Python 解释器，如图 1-11 最下面的 Note 所示。单击 Create 则程序会自动从 Python 官网下载 Python 安装程序并安装。

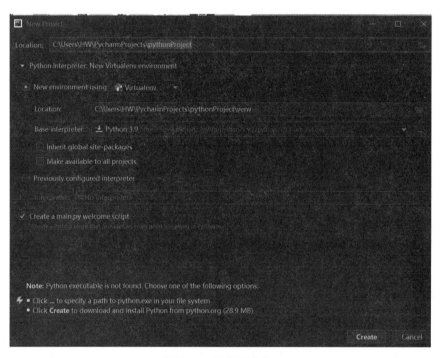

图 1-11　设置新项目

（3）如果本地系统中安装有其他 Python 解释器，单击图 1-11 中的 New environment using 选项框中的三角形即可显示，根据需要选择合适的解释器即可。如果在安装 PyCharm 之前本地系统已经安装了 Anaconda，则可以选择 Conda 作为解释器。选择好之后，单击 Create，等待配置完成。

（4）配置完成后，会自动弹出每日技巧（Tip of the Day）窗口，用于显示 PyCharm 编辑器的一些使用技巧。单击 Close 按钮即可关闭。系统会在新建的项目下自动创建一个 main.py 主文件。

实践题目 3　在 PyCharm 中新建一个 Python 程序文件并绘制正弦曲线

1. 创建新的 Python 程序文件

一个 Project 里面可以包含多个 Python 程序文件。依次单击 File → New → File（或者 File → New → Python File）菜单即可打开新建文件窗口，如图 1-12 所示。通过在对话框中输入新建文件名来创建新的 Python 程序文件，注意 New File 中的新建文件名后面必须要加上扩展名 .py。命名完成后，按 Enter 键即可。

图 1-12　创建新的 Python 程序文件

2. 输入程序代码

在新建的程序文件中输入以下程序，用于绘制正弦曲线。

```python
import numpy as np
import matplotlib.pyplot as plt

x=np.arange(0,2*np.pi,0.01)
y=np.sin(x)

plt.plot(x,y)
plt.show()
```

3. 设置项目的解释器

对于初学者来说，为确保程序能够被正常执行，需要确认一下 Project 的解释器是否设置正确。

依次单击 File → Settings → Python Interpreter，确认图 1-13 右侧 Python Interpreter 对话框中是 python.exe 程序。如果不是，通过单击对话框后面的 Add 进行程序选择添加即可，选择好后单击右下角的 OK 按钮。

图 1-13　设置项目的解释器

4. 执行程序

依次单击 Run → "Run '实践 3- 实践题目 3'"来运行刚刚编辑的 Python 程序。运行结果将显示在新弹出的窗口 Figure 1 中，如图 1-14 所示。

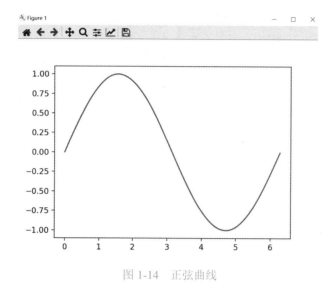

图 1-14　正弦曲线

实践题目 4　请列出 PyCharm 的常用快捷键及其功能

在使用 PyCharm 进行编程的过程中，合理使用快捷键可以大大提高编程的效率。常用的快捷键可以通过单击 File → Setting → Keymap 来查看。下面列出一些常用的快捷键及其功能。

表 1-4　PyCharm 的常用快捷键及其功能

快捷键	功能
Ctrl+A	全选
Ctrl+B	查看类、方法、变量的层级结构
Ctrl+C	复制
Ctrl+D	向下复制当前行
Ctrl+E	删除当前行
Ctrl+F	查找
Ctrl+H	替换
Ctrl+N	查找所有类的名称
Ctrl+Q	查看帮助文档
Ctrl+V	粘贴
Ctrl+Z	回退
Shift+Enter	在下方新建行并移到新行行首（无须把光标移到末尾）
Ctrl+Enter	在下方新建行但不移动光标
Ctrl+/	快速注释（快速在本行行首插入"#"，对单行或选中的多行进行注释；行尾注释不能采用此快捷键组合；注释后可取消注释）
Tab	缩进当前行（选中多行后批量缩进）

续表

快捷键	功能
Shift+Tab	取消缩进（选中多行后可以批量取消缩进）
Ctrl+Alt+S	打开设置 Settings 界面
Ctrl+Alt+L	格式化代码（与 QQ 锁定热键冲突）
Ctrl+Alt+I	自动缩进行
Ctrl+Shift++	展开所有的代码块
Ctrl+Shift+-	收缩所有的代码块
Ctrl+Shift+F	高级查找
Ctrl+Shift+N	通过文件名快速查找项目内的文件
Ctrl+Shift+V	访问历史粘贴板
Shift+Alt+ ↑	向上移动任意行
Shift+Alt+ ↓	向下移动任意行
Alt+Enter	优化代码，提示信息实现自动导包
Alt+4	关闭运行结果
双按 Shift	弹出全局搜索框

实践题目 5　请在 Window 系统下，使用 PyCharm 管理项目

在 PyCharm 中，一般都是以项目（Project）来管理程序文件。项目是表示完整软件解决方案的组织单位，能够起到项目定义、范围约束、规范类型的作用。

1. 创建新项目

在 PyCharm 的主界面中依次单击 File → New Project，在弹出的对话框中设置 Location 和 Python Interpreter。

设置完成后，单击右下角的 Create 按钮，会弹出如图 1-15 所示的三种新建项目的打开方式。根据需要选择其中一种打开方式，等待项目配置完成即可。

（1）This Window。打开目标项目，并覆盖当前项目。

（2）New Window。在新窗口打开目标项目，即打开两个 PyCharm 窗口，每个 PyCharm 窗口负责一个项目。项目是独立的，不能共享信息，但剪贴板操作除外。

（3）Attach。在同一个 PyCharm 窗口中打开两个项目。已打开的项目被视为主项目，并且始终首先显示在"项目"工具窗口中。所有其他项目都添加到主项目中。

图 1-15　打开项目的不同方式

2. 配置项目

项目配置主要包括配置项目结构与项目解释器。项目结构定义了整个项目包含的文件，

项目解释器指定了程序运行依赖的 Python 环境。

在 PyCharm 的主界面中依次单击 File → Settings，打开项目配置界面，根据需要进行配置即可，尤其要注意 Python Interpreter 的设置是否正确。注意，这种方式进行的配置仅适用于当前项目。

如果想为当前项目配置设置，还希望现在的配置应用到以后将创建的所有项目配置中，则需要在 PyCharm 的主界面中依次单击 File → New Projects Setup → Settings for New Projects。

3. 打开已有项目

在 PyCharm 的主界面中依次单击 File → Open，选择需要打开的目标项目后，单击 OK 按钮。

在弹出的是否信任和打开目标项目的对话框中，根据实际情况选择 Trust Project（信任项目）或者 Preview in Safe Mode（在安全模式下预览）。然后，根据需要选择不同的项目打开方式即可。

4. 关闭项目

在 PyCharm 的主界面中依次单击 File → Close Projects in Current Window 即可。

实践 4　VS Code 安装与使用

VS Code（Visual Studio Code）是 Microsoft 开发的一款跨平台源代码编辑器，具有对 JavaScript、TypeScript 和 Node.js 的内置支持，并具有丰富的其他语言（例如 C++、C#、Java、Python、PHP、Go）和运行时（例如 .NET 和 Unity）扩展的生态系统。

实践题目 1　在 Window 系统下安装 VS Code，并进行配置

1. 下载 VS Code 安装程序

VS Code 的官网下载地址为 https://code.visualstudio.com/，直接单击 Download for Windows 按钮即可下载最新的 Windows 系统下的稳定版本，单击右侧的下三角按钮，会显示其他各种版本的下载选项。这里仅介绍 Windows 系统下 VS Code 的安装与配置。

2. 安装 VS Code 程序

（1）双击下载下来的 exe 文件，弹出许可协议选项框，勾选"我同意此协议"复选框，单击"下一步"按钮。

（2）选择程序的目标位置，单击"下一步"按钮。

（3）选择"开始"菜单文件夹，默认即可，单击"下一步"按钮继续安装。

（4）在选择附加任务窗口，默认勾选了"将 Code 注册为受支持的文件类型的编辑器"和"添加到 PATH（重启后生效）"复选框，也可以勾选"创建桌面快捷方式"复选框，然后单击"下一步"按钮。

（5）在准备安装界面列出了前面所有的设置，如果需要改变设置，单击"上一步"按钮修改即可。如果不需要修改设置，单击下面的"安装"按钮，等待安装完成即可。

3. 配置 VS Code 程序

双击桌面上创建的 VS Code 快捷方式，会打开如图 1-16 所示的界面。单击右下角的小铃铛图标，会弹出右下角的 NOTIFICATIONS，提示是否安装语言包插件，并将显示语

言更改为中文（简体）。如果需要安装中文语言包插件，单击下面的"安装并重启（Install and Restart）"按钮即可。

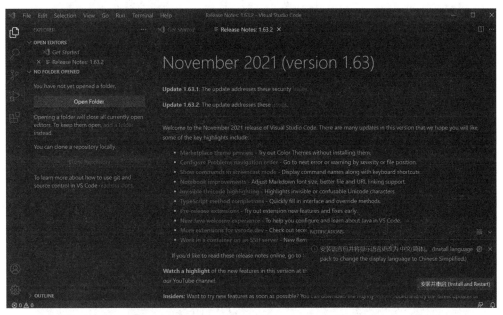

图 1-16　VS　Code 英文界面

插件安装完成后，程序会自动重启，并弹出如图 1-17 所示的 **VS Code** 中文界面。

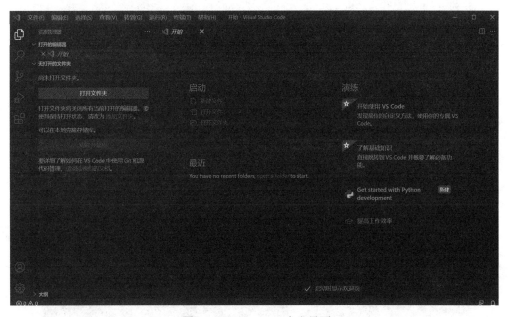

图 1-17　VS　Code 中文界面

实践题目 2　请使用 VS Code 编写 Python 程序计算 1+2+3+…+100 的结果

1. 创建新文件并进行配置

（1）依次单击窗口主菜单中的"文件"→"新建文件"创建一个新文件。

（2）如图 1-18 所示，在创建的新文件中单击第一行的"选择编程语言"蓝色字体，会弹出如图 1-19 所示的"选择语言模式"对话框，单击选择 **Python** 语言。

图 1-18　生成的新建文件

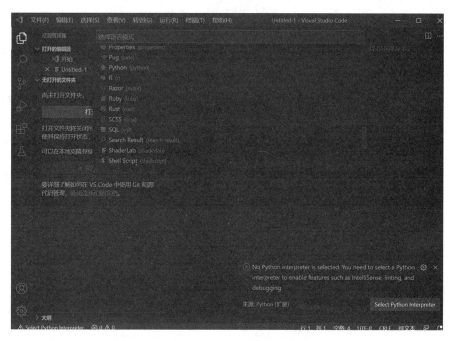

图 1-19　选择编程语言

（3）此时，会在右下角弹出选择 Python 解释器的对话框，单击 Select Python Interpreter 按钮，会弹出如图 1-20 所示的路径选择对话框，选择本地系统中安装的 Python.exe 所在的路径即可。

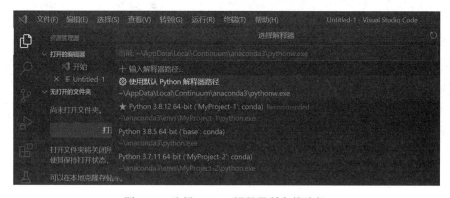

图 1-20　选择 Python 解释器所在的路径

（4）Python 解释器设置完毕后，需要依次单击"文件"→"另存为"，将新建文件进行保存，编写完程序文件后，Python 解释器才能找到文件并运行。

2．输入程序代码

在新建文件中输入以下程序：

```
sum=0
for i in range (1,101):
    sum=sum+i
print (sum)
```

程序书写完毕后，单击程序右侧的▷即可运行程序，运行结果为 5050，如图 1-21 所示。

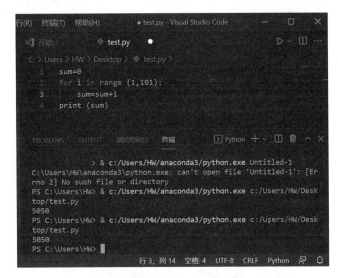

图 1-21　程序及运行结果

实践题目 3　请列出 VS Code 的常用快捷键及其功能

VS Code 的常用快捷键及其功能见表 1-5。

表 1-5　VS Code 的常用快捷键及其功能

快捷键	功能
Alt+Shift+F	代码格式化
Alt+ ↑	向上移动一行代码
Alt+ ↓	向下移动一行代码
Alt+Shift+ ↑	向上复制一行
Alt+Shift+ ↓	向下复制一行
Ctrl+F	查询
Ctrl+H	查找并替换
Ctrl+/	单行注释
Shift+Alt+A	多行注释
Ctrl+Shift+K（Ctrl+X）	快速删除一行

实践题目 4　添加 VS Code 管理项目插件

安装项目管理（Project Manager）插件操作如下所述。

依次单击"查看"→"扩展"，在弹出的"扩展"对话框中输入 Project Manager，如图 1-22 所示，单击第一个程序右侧的"安装"按钮即可，安装后需要重启，插件才可以使用。

图 1-22　安装 Project Manager

安装完成后，重新启动 VS Code 程序，在左侧的图表栏最下面会增加一个文件夹的图案，如图 1-23 所示，这就是新增加的项目管理插件，单击该插件，即可对项目进行管理。

图 1-23　项目管理插件

本章小结

本章通过实践使读者掌握 Windows 系统下 Python 源程序的安装与配置，以及 Python 源程序的调试；掌握 Jupyter Notebook 的安装与配置，以及如何使用 Jupyter Notebook 进行程序调试和文件管理，熟悉常用的快捷键；掌握 PyCharm 的安装与配置，以及如何使用 PyCharm 进行程序调试和项目管理，熟悉常用的快捷键；掌握 VS Code 的安装与配置，以及如何使用 VS Code 进行程序调试和项目管理，并熟悉常用的快捷键。

第 2 章　Python 语言基础

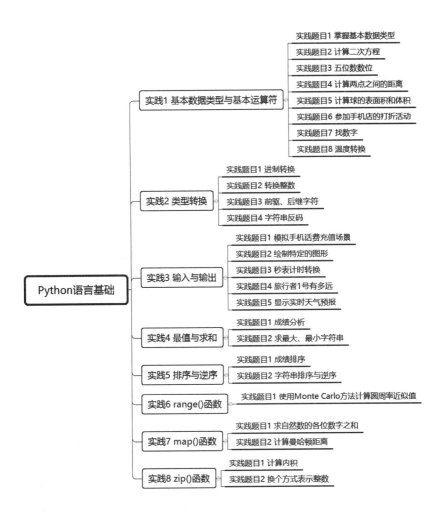

实践1 基本数据类型与基本运算符
- 实践题目1 掌握基本数据类型
- 实践题目2 计算二次方程
- 实践题目3 五位数数位
- 实践题目4 计算两点之间的距离
- 实践题目5 计算球的表面积和体积
- 实践题目6 参加手机店的打折活动
- 实践题目7 找数字
- 实践题目8 温度转换

实践2 类型转换
- 实践题目1 进制转换
- 实践题目2 转换整数
- 实践题目3 前驱、后继字符
- 实践题目4 字符串反码

实践3 输入与输出
- 实践题目1 模拟手机话费充值场景
- 实践题目2 绘制特定的图形
- 实践题目3 秒表计时转换
- 实践题目4 旅行者1号有多远
- 实践题目5 显示实时天气预报

实践4 最值与求和
- 实践题目1 成绩分析
- 实践题目2 求最大、最小字符串

实践5 排序与逆序
- 实践题目1 成绩排序
- 实践题目2 字符串排序与逆序

实践6 range()函数
- 实践题目1 使用Monte Carlo方法计算圆周率近似值

实践7 map()函数
- 实践题目1 求自然数的各位数字之和
- 实践题目2 计算曼哈顿距离

实践8 zip()函数
- 实践题目1 计算内积
- 实践题目2 换个方式表示整数

Python语言基础

实践导读

　　Python 作为一种编程语言，具有与其他编程语言相似的基本数据类型、运算符和表达式，它们是程序设计的基础。Python 的内置函数众多且功能强大，不仅成熟、稳定，而且运算速度相对较快，因此，编写程序时应优先考虑使用系统函数。本节通过实践题目的训练，使读者熟练掌握 Python 基本数据类型的表示及特点，常量和变量的定义及赋值方式，基本运算符的功能及优先级规则，表达式的组成、书写及计算，熟练掌握 Python 常用系统函数的功能及使用方法。

　　本章的主要知识点如下：

- 整型、浮点型、布尔型、复数型数据的表示及特点；字符串类型的表示及转义字符的用法；常量和变量的定义及赋值方式。

- 算术运算符、关系运算符、逻辑运算符、赋值运算符、成员运算符等基本运算符的功能及优先级规则；表达式的组成、书写及计算。

- 常用系统函数和库函数的功能及使用方法；导入模块语句的书写。

✎ **实践目的**

- 掌握 Python 基本数据类型的表示及特点、常量和变量的定义及赋值方式。
- 掌握 Python 基本运算符的功能及优先级规则，表达式的组成、书写及计算。
- 掌握 Python 常用系统函数和库函数的功能及使用方法。

实践 1 基本数据类型与基本运算符

实践题目 1 掌握基本数据类型

1．Python 语言提供的 3 个基本数字类型是 _____、_____ 和 _____。

2．整型数据可以采用 _____、_____、_____、_____ 4 种进制表示。二进制的整数以 _____ 开头，八进制的整数以 _____ 开头，十六进制的整数以 _____ 开头。

3．复数型数据由 _____ 部分和 _____ 部分两部分组成，两部分均为浮点数。

4．字符串 "\ta\017bc" 的长度（不包括结束符）是 _____。

5．转义字符 "\n" 的含义是 _____。

【参考答案】

1．整数类型 浮点数类型 复数类型

2．二进制 八进制 十进制 十六进制 0b 0o 0x

3．实数 虚数

4．5

5．换行

实践题目 2 计算二次方程

【问题描述】编程计算 $y=x^2+3x-5$。要求从键盘输入 x 的值，输出 y 的值。

【输入形式】

输入实数 x 的值。

【输出形式】

输出 y 的值。

【样例输入】

1

【样例输出】

-1

分析：表达式中的乘法运算符 * 不能省略。

参考代码：

```
x = float(input())
y = x*x + 3*x - 5
print(y)
```

实践题目 3　五位数数位

【问题描述】输入一个五位数，左对齐依次输出其数位，中间用空格间隔。

【输入形式】

输入一个五位的整数。

【输出形式】

输出各数位，数位之间用空格间隔。

【样例输入】

12345

【样例输出】

1 2 3 4 5

分析：使用整除运算符（//）计算数位，注意运算符的优先级规则，表达式中优先计算的部分用圆括号括起来。

参考代码：

```
wws = int(input())
w1 = wws // 10000                                    #计算万位数字
w2 = (wws - w1 * 10000) // 1000                       #计算千位数字
w3 = (wws - w1 * 10000 - w2 * 1000) // 100            #计算百位数字
w4 = (wws - w1 * 10000 - w2 * 1000 - w3 * 100 ) // 10 #计算十位数字
w5 = wws % 10                                          #计算个位数字
print(w1, w2, w3, w4, w5)
```

实践题目 4　计算两点之间的距离

【问题描述】编写程序实现计算两点之间的距离。

【输入形式】

标准输入的四行双精度数据分别表示第一个点的横坐标、第一个点的纵坐标、第二个点的横坐标、第二个点的纵坐标。

【输出形式】

标准输出的一行双精度数据表示两点之间的距离。

【样例输入】

0.0

0.0

3.0

4.0

【样例输出】

5.0

分析：Python 中计算浮点数 f 的平方根有两种方法：

（1）使用幂运算符 **。

（2）调用 math 模块（包含大量数学计算函数）的 sqrt() 函数，写法是：math.sqrt(f)。

要使用 math 模块，首先要在程序文件头部导入 math 模块，写法是：import math。

参考代码：

方法一：

```
x1 = float(input())
y1 = float(input())
x2 = float(input())
y2 = float(input())
print(((x1 - x2)**2 + (y1 - y2)**2)**0.5)   # 使用幂运算符 ** 计算浮点数的平方根
```

方法二：

```
import math                                  # 导入 math 模块
x1 = float(input())
y1 = float(input())
x2 = float(input())
y2 = float(input())
print(math.sqrt((x1 - x2)**2 + (y1 - y2)**2))        # 调用 math 模块的 sqrt() 函数
```

实践题目 5　计算球的表面积和体积

【问题描述】输入球的半径值，输出球的表面积和体积，输出显示到小数点后 2 位。

【样例输入】

2.5

【样例输出】

78.54,65.45

分析：Python 中通过调用 math 模块的数字常量 pi 获取圆周率 π，写法是：math.pi。

参考代码：

```
import math                  # 导入 math 模块
r = float(input())
s = 4*math.pi*r**2           # 调用 math 模块的数字常量 pi
v = 4*math.pi*r**3/3
print('%.2f,%.2f' %(s,v))    # 格式化输出，显示到小数点后 2 位
```

实践题目 6　参加手机店的打折活动

【问题描述】某手机店在每周一的 10 点至 11 点和每周三的 14 点至 15 点，对华为 Mate 50 系列手机进行折扣让利活动，输入顾客进入手机店的时间，判断用户能否参加折扣活动，并输出结果。

【输入形式】

输入顾客进入手机店的中文星期和整数小时。

【输出形式】

输出提示语句。若顾客进店时间满足活动参与条件，则输出"恭喜您，获得了折扣活动参与资格，快快选购吧！"，否则，输出"对不起，您来晚一步，期待下次活动"。

【样例输入输出】

手机店正在打折，活动进行中

请输入中文星期（如星期一）：星期五

请输入时间中的小时（范围：0 ～ 23）：19

对不起，您来晚一步，期待下次活动

【样例说明】

下划线表示输入内容，下文同。

分析：想参加折扣活动的顾客，需要在时间上满足两个条件：周一 10 点至 11 点，周三 14 点至 15 点。判断是否满足活动参与条件，需要使用逻辑运算符 and（逻辑与）、or（逻辑或）和关系运算符 ==、>=、<=。

参考代码：

```
print(" 手机店正在打折，活动进行中 \n")
strWeek = input(" 请输入中文星期（如星期一）：")
intTime = int(input(" 请输入时间中的小时（范围：0 ～ 23）："))
if (strWeek == " 星期一 " and  (intTime >= 10 and intTime <= 11)) or (strWeek == " 星期三 " and
(intTime >= 14 and intTime <= 15)):        # 判断是否满足活动参与条件
    print(" 恭喜您，获得了折扣活动参与资格，快快选购吧！")
else:
    print(" 对不起，您来晚一步，期待下次活动 ")
```

实践题目 7　找数字

【问题描述】编写程序实现：对于一个输入的整数 n，判断 n 的各位数中是否包含数字 3 或 4。若包含，则打印 True；否则，打印 False。

【输入形式】

输入一个整数。

【输出形式】

输出一行表示判断结果 True 或 False；若输入的数值不合法（如小数等），输出 illegal input。

【样例输入】

132

【样例输出】

True

【样例说明】

132 中有数字 3，故输出 True。

分析：使用成员运算符（in）和逻辑运算符（逻辑或 or）判断输入的整数的各位数中是否包含数字 3 或 4。要求对用户输入进行合法性检验，需使用 if...else 条件判断语句判断用户输入是否正确。

自然语言算法描述：

S1：用户输入一个整数。

S2：判断输入字符串的首字符是否为负号 "-"，若为 "-"，则去掉该字符。

S3：判断处理后的字符串是否全为数字（0 ～ 9），若是，继续进行判断，否则，输出 illegal input。

S4：判断字符串中是否包含字符 "3" 或 "4"，若包含，则打印 True，否则，打印 False。

流程图如图 2-1 所示。

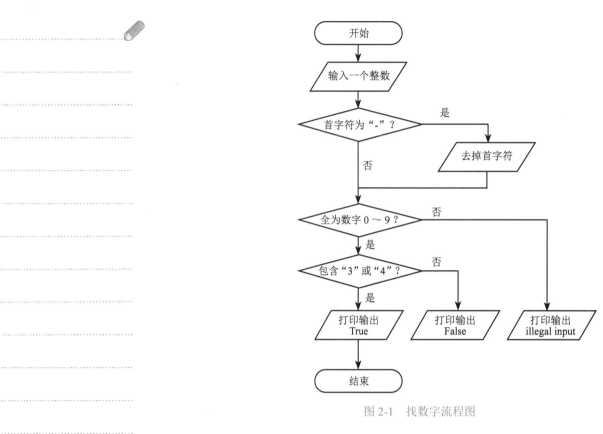

图 2-1　找数字流程图

参考代码：

```
n_str = input()
if n_str[0] == '-':                # 判断字符串的首字符是否为负号 "-"
    n_str = n_str[1:]              # 去除首字符
if n_str.isdigit():                # 判断字符串是否全为数字（0～9）
    if '3' in n_str or '4' in n_str:   # 判断字符串中是否包含字符 "3" 或 "4"
        print("True")
    else:
        print("False")
else:
    print("illegal input")
```

实践题目 8　温度转换

【问题描述】在温度刻画的不同体系中，摄氏度以 1 标准大气压下水的结冰点为 0 度，沸点为 100 度。华氏度以 1 标准大气压下水的结冰点为 32 度，沸点为 212 度。要求利用程序进行摄氏度和华氏度之间的转换。

【输入形式】

输入温度加温度制式的代表字母。

【输出形式】

转换后的温度加温度制式的代表字母。

【样例输入输出 1】

What is the temperature?82F

The converted temperature is 28C

【样例输入输出 2】

What is the temperature?<u>28C</u>

The converted temperature is 82F

分析：根据华氏和摄氏温度定义，其转换公式如下：

$$C = (F - 32) / 1.8 \qquad ①$$

$$F = C * 1.8 + 32 \qquad ②$$

依据用户输入字符串的末尾字符，判断输入的是摄氏温度还是华氏温度，并依据公式①或公式②进行相应的转换。使用 if...elif...else 语句进行条件判断。

自然语言算法描述：

S1：用户输入温度加温度制式的代表字母。

S2：判断用户输入的是摄氏温度还是华氏温度，判断方法为：使用成员运算符（in）判断输入字符串末尾字符（索引为 -1）是否为列表 ['C', 'c'] 或列表 ['F', 'f'] 的成员。

S3：若输入摄氏温度，去除末尾字符后转换为浮点数，利用公式①进行转换，并输出转换结果；若输入华氏温度，去除末尾字符后转换为浮点数，利用公式②进行转换，并输出转换结果；否则，提示输入错误。

流程图如图 2-2 所示。

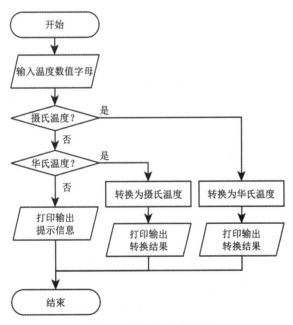

图 2-2　温度转换流程图

参考代码：

```
input_str = input("What is the temperature?")    # 输入温度加温度制式的代表字母
if input_str[-1] in ['C', 'c']:                  # 判断是否输入摄氏温度
    f = 1.8*eval(input_str[0:-1]) + 32           # 利用公式①进行转换
    print ("The converted temperature is %dF" %f)
elif input_str[-1] in ['F', 'f']:                # 判断是否输入华氏温度
    c = (eval(input_str[0:-1]) - 32)/1.8         # 利用公式②进行转换
    print ("The converted temperature is %dC" %c)
else:
    print ("Input is wrong!")
```

实践 2   类型转换

实践题目 1   进制转换

【问题描述】编写程序，输入一个自然数，输出它的二进制、八进制、十六进制表示形式。

【输入形式】

用户输入一个自然数。

【输出形式】

该数的二进制、八进制、十六进制表示形式，分三行输出。

【样例输入输出】

请输入一个自然数：<u>688</u>

二进制：0b1010110000

八进制：0o1260

十六进制：0x2b0

分析：使用内置函数 bin()、oct()、hex() 将整数转换为二进制、八进制和十六进制形式，这 3 个函数都要求参数必须为整数。由于输入函数 input() 返回的结果为字符串类型，因此首先需使用 int() 函数对输入的数字字符串进行类型转换。

参考代码：

```
num = int(input(' 请输入一个自然数：'))      # 将输入的数字字符串转换为整数
print(' 二进制：', bin(num))                # 将整数转换为二进制形式并输出
print(' 八进制：', oct(num))                # 将整数转换为八进制形式并输出
print(' 十六进制：', hex(num))              # 将整数转换为十六进制形式并输出
```

实践题目 2   转换整数

【问题描述】编写一个程序，当用户输入一个小数后，将小数转化为最近的整数输出（四舍五入）。

【输入形式】

输入一个小数。

【输出形式】

输出最近的整数。

【样例输入】

3.47

【样例输出】

3

【样例说明】

与输入值 3.47 接近的整数为 3 和 4，3.47 比 3.5 小，舍掉小数部分，结果为 3。

分析：使用 float() 函数将输入的数字字符串转换为浮点数。若使用 int() 函数将浮点数转换为整数，小数部分自动舍弃。对于本题目，需要判断输入数值的小数部分是否大于等于 0.5，如果是，则输出取整后加 1 的值，否则，输出取整后的值。

参考代码：

```
number = float(input())          # 将输入的数字字符串转换为浮点型
if number - int(number) >= 0.5:  # 判断小数部分是否大于等于 0.5
    print("%d" % (int(number+1)))  # 输出取整后加 1 的值
else:
    print("%d" % (int(number)))    # 输出取整后的值
```

实践题目 3　前驱、后继字符

【问题描述】从键盘输入一个字符，求出它的前驱和后继字符（按照 ASCII 编码排序），并按照从小到大的顺序输出这三个字符和对应的 ASCII 编码值。

【输入形式】

从键盘输入一个字符。

【输出形式】

按两行输出：第一行按照从小到大的顺序输出这三个字符，并以一个空格隔开；第二行按照从小到大的顺序输出三个字符对应的 ASCII 编码值，并以一个空格隔开。

【样例输入】

b

【样例输出】

a b c

97 98 99

【样例说明】

输入字符 b，b 的前驱字符是 a，后继字符是 c，第一行按照从小到大的顺序输出 a b c；第二行输出对应的 ASCII 编码值 97 98 99。

自然语言算法描述：

S1：使用 ord() 函数将输入字符转换为它对应的 ASCII 编码值。

S2：求出该字符的前驱和后继字符的 ASCII 编码值。

S3：使用 chr() 函数将 ASCII 编码值转换为其对应的字符。

S4：输出相应的结果。

参考代码：

```
c = input()
print('%c %c %c\n' % (chr(ord(c)-1),c,chr(ord(c)+1)))
print('%d %d %d\n' % (ord(c)-1,ord(c),ord(c)+1))
```

实践题目 4　字符串反码

【问题描述】编写程序，输入一个字符串，输出其字符串反码。

字符串反码的定义为：字符串所包含字符的反码组成的字符串。

字符反码的定义如下：

（1）对于小写英文字符，它的反码也是一个小写英文字符，且该字符与 a 的距离等于其反码与 z 的距离（两个字符距离指其对应 ASCII 编码之差）。

（2）对于大写英文字符，它的反码也是一个大写英文字符，且该字符与 A 的距离等于其反码与 Z 的距离。

（3）对于非英文字母的字符，其反码保持不变。

【样例输入】

Hello World

【样例输出】

Svool Dliow

分析：首先，依次生成输入字符串中每个字符的反码，方法为：使用 ord() 函数将字符转换为它对应的 ASCII 编码值，比较 ASCII 编码之差；找到反码字符对应的 ASCII 编码之后，使用 chr() 函数将 ASCII 码值转换为其对应的字符。

其次，将字符的反码拼接成字符串，即为字符串的反码，并输出。

参考代码：

```
s = input()
res = ''                                    # 定义空字符串，用于字符反码的拼接
for ch in s:                                # 遍历输入字符串中的字符
    if ch.islower():                        # 判断该字符是否为小写字母
        new_ch = chr(ord('z')-(ord(ch)-ord('a')))   # 生成小写字母的反码
    elif ch.isupper():                      # 判断该字符是否为大写字母
        new_ch = chr(ord('Z')-(ord(ch)-ord('A')))   # 生成大写字母的反码
    else:
        new_ch = ch                         # 非英文字母的字符保持不变
    res += new_ch                           # 拼接字符反码
print(res)
```

实践 3 输入与输出

实践题目 1 模拟手机话费充值场景

【问题描述】编写程序，模拟以下场景：

计算机输出：欢迎使用手机话费充值业务，请输入充值金额：

用户输入：整数或浮点数

计算机输出：充值成功，您本次充值 ××× 元。

【样例输入输出】

欢迎使用手机话费充值业务，请输入充值金额：

<u>100</u>

充值成功，您本次充值 100 元。

分析：使用 input() 函数接收用户输入的字符序列，使用 print() 函数输出。

参考代码：

```
print(' 欢迎使用手机话费充值业务，请输入充值金额：')
info = input()                      # 记录控制台输入的信息
print(' 充值成功，您本次充值 ',info,' 元 ')
```

实践题目 2 绘制特定的图形

【问题描述】输出特定的图形。

【输入形式】

无。

【输出形式】

```
 /\
 / \
 \ /
 \/
```

分析：

使用 print() 函数输出时，斜杠（/）可以正常输出，反斜杠（\）需要使用转义字符"\\"输出。多行字符串用三单引号（'''）或三双引号（"""）引起来。

参考代码：

```
print("""
 /\\
 / \\
 \\ /
 \\/
""")
```

实践题目 3　秒表计时转换

【问题描述】输入整数秒数，将其转换为"时:分:秒"的格式输出。

【样例输入】

3756

【样例输出】

3756s=1h:2min:36s

【格式说明】

输出的结果中冒号前后无空格，都是英文标点符号。

分析：如何做到按照"时:分:秒"的格式输出？下面举例说明。

假如用变量 n、hours、minutes、seconds 分别存储总秒数、小时数、分钟数、秒数，那么下面的写法将达成【样例输出】的效果：

print('%ds=%dh:%dmin:%ds'%(n,hours, minutes, seconds))

这里，"%ds=%dh:%dmin:%ds"是格式控制串。"%d"是指要在这个位置输出一个整数。整体效果是，拿 n 的值填充到左起第一个"%d"所占位置，拿 hours 的值填充到左起第二个"%d"所占位置，拿 minutes 的值填充到左起第三个"%d"所占位置，拿 seconds 的值填充到左起最后一个"%d"所占位置，格式字符串中其余字符按原样输出。

参考代码：

```
n = int(input())
hours = n // 3600                          # 计算小时数
minutes = (n % 3600) // 60                 # 计算分钟数
seconds = n % 60                           # 计算秒数
print('%ds=%dh:%dmin:%ds'%(n,hours, minutes, seconds))  # 按"时:分:秒"的格式输出
```

实践题目 4　旅行者 1 号有多远

【问题描述】旅行者 1 号飞船于 1977 年 9 月 5 日发射，目前到达了太阳系的外缘，是离地球最远的人造飞行器。据 2009 年 9 月 25 日美国航天局的网站报道，它离太阳约 166.37 亿英里，以约每小时 38241 英里的速度驶离太阳。

编写一个程序，提示用户输入一个整数 y。接下来，计算自 2009 年 9 月 25 日起 y 年后，旅行者 1 号离太阳的距离（假定一年为 365 天，且飞船飞离太阳的速度是恒定的）。输出以下结果：

（1）以英里为单位的距离。

（2）以千米为单位的距离（1.609344 千米 / 英里）。

（3）以天文单位计量的距离。天文单位（Astronomical Unit，AU，92955887.6 英里 /AU）是长度的单位，历史上约等于地球跟太阳的平均距离。

（4）对于以上距离，无线电往返一次的小时数。无线电波以光速传播，速度为每秒 299792458 米。

【输入形式】

输入自 2009 年 9 月 25 日起的年数 y。

【输出形式】

输出上文描述的四项内容，输出的数值保留两位小数。

【样例输入】

1

【样例输出】

distance:

16971991160.00 miles

27313772141.40 km

182.58 AU

time: 50.62 hours

【格式说明】

输出的每一行中，单位之前有一个空格。最后一行的冒号是西文字符，之后有一个空格。

分析：如何做到保留两位小数？下面举例说明。

假如"以英里为单位的距离"用 dist 变量存储，那么下面的写法将做到保留两位小数，并且尾部附加了 miles 这个串：

```
print("%.2f %s"%(dist, "miles"))
```

这里，"%.2f %s"是格式字符串。"%.2f"是指要在这个位置输出一个浮点数，".2"是指要保留两位小数。"%s"是指要在这个位置输出一个字符串。整体效果是，拿 dist 的值填充到"%.2f"所占位置，拿"miles"填充到"%s"所占位置，而后输出。

假如"无线电往返小时数"用 time 变量存储，那么下面的写法将达成【样例输出】中的最后一行输出的效果：

```
print("%s %.2f %s"%("time:", time, "hours"))
```

这里，"%s %.2f %s"是格式字符串。整体效果是，拿"time:"填充到第一个"%s"所占的位置，拿 time 的值填充到"%.2f"所占的位置，拿"hours"填充到第二个"%s"

所占的位置，而后输出。如何让"time:"之后有一个空格，在格式控制串中的第一个"%s"所占的位置之后留一个空格即可。

参考代码：

```
y = int(input())
kaishi = 166.37 * 100000000
speed = 38241                          # 速度为每小时 38241 英里
hours_year = 365 * 24
dist = kaishi + speed * hours_year * y
print("distance:")
print("%.2f %s"%(dist, "miles"))        # 格式化输出以英里为单位的距离
dist_km = dist * 1.609344
print("%.2f %s"%(dist_km, "km"))        # 格式化输出以千米为单位的距离
print("%.2f %s"%(dist / 92955887.6, "AU"))   # 格式化输出以天文单位计量的距离
time = dist_km * 1000 * 2 / 299792458 / 60 / 60
print("%s %.2f %s"%("time:", time, "hours"))   # 格式化输出无线电往返一次的小时数
```

实践题目 5　显示实时天气预报

【问题描述】使用字符串的 format() 方法格式化输出实时天气预报，效果如下：

2018 年 4 月 17 日 天气预报：晴 7℃～ 20℃ 微风转西风 3 ～ 4 级

08:00 天气预报：晴 13℃ 微风

12:00 天气预报：晴 19℃ 微风

16:00 天气预报：晴 18℃ 西风 3 ～ 4 级

20:00 天气预报：晴 15℃ 西风 3 ～ 4 级

00:00 天气预报：晴 12℃ 微风

04:00 天气预报：晴 9℃ 微风

【格式说明】

输出的结果中冒号是中文标点符号，冒号后无空格。

分析：定义天气预报列表，设置每个元素为一个元组，存储某一时刻的天气信息。使用字符串的 format() 方法按固定格式循环输出列表中的元组元素。注意，为保持格式整齐，9℃前应加一个空格，因此该字符串元素应为" 9℃"。

参考代码：

```
weathers=[('2018 年 4 月 17 日 ',' 晴 ','7℃～ 20℃ ',' 微风转西风 3 ～ 4 级 '),
    ('08:00',' 晴 ','13℃ ',' 微风 '),
    ('12:00',' 晴 ','19℃ ',' 微风 '),
    ('16:00',' 晴 ','18℃ ',' 西风 3 ～ 4 级 '),
    ('20:00',' 晴 ','15℃ ',' 西风 3 ～ 4 级 '),
    ('00:00',' 晴 ','12℃ ',' 微风 '),
    ('04:00',' 晴 ',' 9℃ ',' 微风 ')
    ]
for weather in weathers:              # 遍历列表元素
  print('{} 天气预报：{} {} {}'.format(weather[0],weather[1],weather[2],weather[3]))
```

实践 4　最值与求和

实践题目 1　成绩分析

【问题描述】已知存放于列表中的 n 个学生成绩：

scores=[78,65,90,45,81,67,57,88,98,75,73,66,53,85,50]

编写程序输出本次考试的最高分、最低分、总分和平均分。

【输入形式】

无。

【输出形式】

The scores: [78, 65, 90, 45, 81, 67, 57, 88, 98, 75, 73, 66, 53, 85, 50]

The highest score: 98

The lowest score: 45

Total points: 1071

The average score 71.4

分析：使用 max()、min()、sum() 这 3 个内置函数分别计算学生成绩列表中所有元素的最大值、最小值以及所有元素之和。平均值通过学生成绩列表中所有元素之和除以元素个数（利用内置函数 len()）求得。使用时应注意，sum() 要求序列或可迭代对象中的元素为数值型，max() 和 min() 要求序列或可迭代对象中的元素之间可比较大小。

参考代码：

```
scores=[78,65,90,45,81,67,57,88,98,75,73,66,53,85,50]
scores_max=max(scores)              # 计算本次考试的最高分
scores_min=min(scores)              # 计算本次考试的最低分
scores_sum=sum(scores)              # 计算本次考试学生成绩的和
n=len(scores)                       # 计算本次考试学生的数量
scores_ever=scores_sum/n            # 计算本次考试成绩的平均值
print('The scores:',scores)
print('The highest score:',scores_max)
print('The lowest score:',scores_min)
print('Total points:',scores_sum)
print('The average score',scores_ever)
```

实践题目 2　求最大、最小字符串

【问题描述】输入字符串，分别按 ASCII 编码顺序、字符串长度输出最大、最小字符串。

【输入形式】

五个字符串，彼此之间用空格间隔。

【输出形式】

第一行，按 ASCII 编码顺序输出最大、最小字符串，空格间隔。

第二行，按字符串长度输出最大、最小字符串，空格间隔。

【样例输入】

abcde C++ Java Pascal Fortran

【样例输出】

abcde C++

Fortran C++

分析：用空格拆分输入字符串，存入列表，然后使用内置函数 max() 和 min() 求列表中的最大、最小字符串元素并输出。

max() 和 min() 函数默认按照 ASCII 编码顺序求字符串大小，支持 key 参数［用来指定比较大小的依据或规则（可以是函数或 lambda 表达式）］。若按字符串长度输出最大、最小字符串，设置 key=len。

参考代码：

```
sline = input()
ss = sline.split()                        # 用空格拆分输入字符串，存入列表
print(max(ss), end=' ')                   # 默认按照 ASCII 编码求大小
print(min(ss))
print(max(ss, key = len), end=' ')        # 按字符串长度求大小
print(min(ss, key = len))
```

实践 5　排序与逆序

实践题目 1　成绩排序

【问题描述】已知存放于列表中的 n 个学生成绩：

scores=[78,65,90,45,81,67,57,88,98,75,73,66,53,85,50]

编写程序将成绩降序排列，分别输出原始成绩和排序后的成绩。

【输入形式】

无。

【输出形式】

The scores: [78, 65, 90, 45, 81, 67, 57, 88, 98, 75, 73, 66, 53, 85, 50]

In descending order [98, 90, 88, 85, 81, 78, 75, 73, 67, 66, 65, 57, 53, 50, 45]

分析：使用内置函数 sorted() 对列表进行排序，将 reverse 参数设为 True，实现降序排序。

注意：sorted() 函数与列表的 sort() 方法能够实现相同的排序功能，不同的是，sort() 方法只能作用于列表，而 sorted() 函数可以对列表、元组、字典、集合或其他可迭代对象进行排序，并返回新列表。

参考代码：

```
scores=[78,65,90,45,81,67,57,88,98,75,73,66,53,85,50]
scores_sort=sorted(scores,reverse=True)        # 对列表元素降序排序，返回新列表
print('The scores:',scores)
print('In descending order',scores_sort)
```

实践题目 2　字符串排序与逆序

【问题描述】输入五个字符串，分别按 ASCII 编码顺序、字符串长度从小到大排序，并将字符串序列进行翻转（首字符串和尾字符串交换），输出结果。

【输入形式】

五个字符串，彼此之间用空格间隔。

【输出形式】

第一行，输出按 ASCII 编码顺序从小到大排序的字符串，空格间隔。

第二行，输出按字符串长度从小到大排序的字符串，空格间隔。

第三行，输出首尾翻转后的字符串，空格间隔。

【样例输入】

abcde C++ Java Pascal Fortran

【样例输出】

C++ Fortran Java Pascal abcde

C++ Java abcde Pascal Fortran

Fortran Pascal Java C++ abcde

分析：与求最值函数 max() 和 min() 类似，排序函数 sorted() 默认按照 ASCII 编码升序排序字符串，支持 key 参数[用来指定排序的依据或规则（可以是函数或 lambda 表达式），若按字符串长度输出排序，设置 key=len]。

reversed() 函数对序列对象进行翻转（首尾交换）并返回可迭代的 reversed 对象。

注意：reversed 对象不能直接输出，对于本题来说，可将其字符串元素连接并输出。

参考代码：

```
sline = input()
ss = sline.split()              # 用空格拆分输入字符串，存入列表
s1 = sorted(ss)                 # 默认按照 ASCII 编码排序
print(' '.join(s1))
s2 = sorted(ss, key = len)      # 按照字符串长度排序
print(' '.join(s2))
s3 = reversed(ss)               # 逆序排列
print(' '.join(s3))            # 连接 reversed 对象的字符串元素并输出
```

实践 6　range() 函数

实践题目 1　使用 Monte Carlo 方法计算圆周率近似值

【问题描述】Monte Carlo 方法是一种通过概率统计来得到问题近似解的方法，在很多领域都有重要的应用，其中就包括圆周率近似值的计算问题。假设有一块边长为 2 的正方形木板，上面画一个单位圆，然后随意往木板上掷飞镖，落点坐标必然在木板上（更多的时候是落在单位圆内），如果掷的次数足够多，那么落在单位圆内的次数除以总次数再乘以 4，这个数字会无限逼近圆周率的值。这就是 Monte Carlo 发明的用于计算圆周率近似值的方法，如图 2-3 所示。

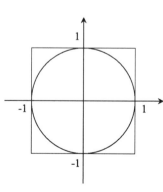

图 2-3　Monte Carlo 方法

编写程序，模拟 Monte Carlo 计算圆周率近似值的方法，输入掷飞镖次数，然后输出圆周率近似值。

【输入形式】

输入掷飞镖次数。

【输出形式】

输出圆周率近似值。

【样例输入输出】

请输入掷飞镖次数：<u>100</u>

3.24

分析：使用 random 模块的 random() 函数返回 [0,1) 范围内的实数，作为掷飞镖的 x，y 坐标；使用 range() 函数控制循环投掷次数。

参考代码：

```
from random import random          # 导入 random 模块的 random() 函数
times = int(input(' 请输入掷飞镖次数： '))
hits = 0                           # 计数器初始化
for i in range(times):             # 循环 times 次
    x = random()                   # 产生落点的 x 坐标
    y = random()                   # 产生落点的 y 坐标
    if x*x + y*y <= 1:             # 判断落点是否在单位圆内
        hits += 1                  # 计数器加 1
print(4.0 * hits/times)            # 计算并输出圆周率近似值
```

实践 7　map() 函数

实践题目 1　求自然数的各位数字之和

【问题描述】编写程序，输入任意大的自然数，输出各位数字之和。

【输入形式】

输入一个自然数。

【输出形式】

输出该数字的各位数字之和。

【样例输入输出】

请输入一个自然数：<u>123456</u>

21

分析：内置函数 map() 把一个函数 func 依次映射到序列或迭代器对象的每个元素上，并返回一个 map 对象作为结果，map 对象中每个元素是原序列中元素经过函数 func 处理后的结果，map() 函数不对原序列或迭代器对象做任何修改。

本题中，可使用 map() 函数将输入的自然数字符串中每个字符依次映射为整型数，然后使用 sum() 函数求和。

参考代码：

```
num = input(' 请输入一个自然数： ')
print(sum(map(int, num)))    # 将输入字符串中每个字符依次映射为整型数并求和
```

实践题目 2　计算曼哈顿距离

【问题描述】曼哈顿距离又称 L1- 距离或城市区块距离，其定义为欧几里得空间的固定直角坐标系上两点所形成的线段对轴产生的投影的距离总和。例如在平面上，坐标 (x_1,y_1) 的 i 点与坐标 (x_2,y_2) 的 j 点的曼哈顿距离为

$$d(i,j)=|x_1-x_2|+|y_1-y_2|$$

编写程序，输入两个各包含两个整数的列表，分别表示城市中两个地点的坐标，输出两点之间的曼哈顿距离。

【输入形式】

输入两个各包含两个整数的列表，各占一行。

【输出形式】

输出曼哈顿距离。

【样例输入】

[5,6]

[7,8]

【样例输出】

4

分析：使用 map() 函数计算两点间的曼哈顿距离，步骤如下：

第一步，分别计算 x 轴和 y 轴上两点间距离，方法为：编写计算两个数之差的绝对值的 lambda 函数，使用 map() 函数把 lambda 函数依次映射到两个列表的对应元素上，返回一个 map 对象，其元素即为 x 轴和 y 轴上两点间距离。

第二步，使用 sum() 函数对 map 对象的元素求和。

参考代码：

```
lstA = eval(input())                    # 输入第一个包含两个整数的列表
lstB = eval(input())                    # 输入第二个包含两个整数的列表
print(sum(map(lambda i,j:abs(i-j), lstA, lstB)))  # 计算并输出曼哈顿距离
```

实践 8　zip() 函数

实践题目 1　计算内积

【问题描述】用户分别输入两行数据，每一行的数值可能不相同，对这两行数据计算内积。

【输入形式】

两组数据，每组数据包含至少两个数值，数值之间使用逗号进行分隔。

【输出形式】

内积值。

【样例输入 1】

1,2,3,4

5,6,7,8

【样例输出 1】

70

【样例输入 2】

1,2,3,4,5

5,6,7,8

【样例输出 2】

70

分析：zip() 函数用来把多个可迭代对象中的元素压缩到一起，返回一个可迭代的 zip 对象，其中每个元素都是包含原来的多个可迭代对象对应位置上元素的元组，最终结果中包含的元素个数取决于所有参数序列或可迭代对象中最短的那个。

本题中，用户每行输入数据的个数可能不同，可使用 zip() 函数将两行对应位置上的数据压缩到一起，同时去掉多余的数据，计算内积时可直接从 zip 对象的元素中提取数据。

参考代码：

```
data1 = eval(input())          # 将第一行数据存储为元组
data2 = eval(input())          # 将第二行数据存储为元组
result = 0                     # 内积归零
for x,y in zip(data1, data2):  # 遍历 zip 对象的元素，序列解包
    result += x*y             # 内积累加
print(result)
```

实践题目 2 换个方式表示整数

【问题描述】用字母 B 来表示"百"、字母 S 表示"十"、字母 Y 表示"一"，换个格式来输出任意一个不超过 3 位的正整数。例如 234 应该被输出为 BBSSSYYYY，因为它有 2 个"百"、3 个"十"以及 4 个"一"。

【输入形式】

输入正整数 n（<1000）。

【输出形式】

用规定的格式输出 n。

【样例输入】

234

【样例输出】

BBSSSYYYY

分析：使用 zip() 函数将字符串 BSY 中的字符分别与 3 位数的百位、十位、个位上的数字一一对应，数字即为对应字符的复制次数，使用运算符 * 和 + 实现字符的复制和字符串的拼接，输出生成的字符串。

自然语言算法描述：

S1：将输入的整数字符串中每个字符依次映射为整型数，存入列表。

S2：使用 zip() 函数将字符串 BSY 和列表中的整数元素压缩到一起。

S3：遍历 zip 对象的元素，序列解包，进行字符的复制和字符串的拼接。

S4：输出生成的字符串。

参考代码：

```
data = input()                    # 输入 3 位正整数字符串
data1 = list(map(int, data))      # 将输入字符串中每个字符映射为整型数，存入列表
result = ''                       # 定义空字符串
for ch, num in zip('BSY', data1): # 将序列元素压缩到一起，遍历元素，序列解包
    result = result + num*ch      # 字符的复制和字符串的拼接
print(result)
```

本章小结

　　通过本章的实践题目理解和掌握整型、浮点型、布尔型、复数型数据的表示及特点、字符串类型的表示及转义字符的用法，常量和变量的定义及赋值方式；掌握算术运算符、关系运算符、逻辑运算符、赋值运算符、成员运算符等基本运算符的功能及优先级规则，表达式的组成、书写及计算；熟练掌握常用系统函数和库函数的功能及使用方法，提高编程效率。

第 3 章 Python 组合数据类型

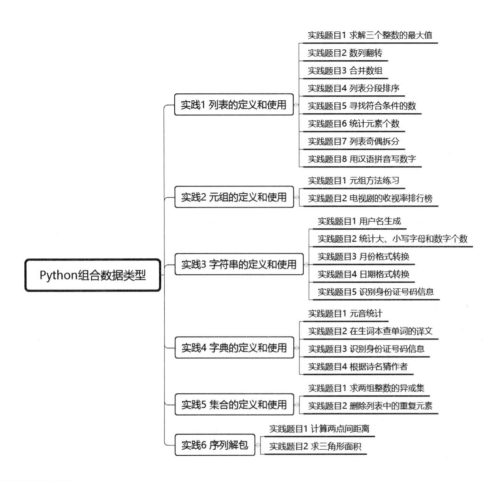

实践1 列表的定义和使用
- 实践题目1 求解三个整数的最大值
- 实践题目2 数列翻转
- 实践题目3 合并数组
- 实践题目4 列表分段排序
- 实践题目5 寻找符合条件的数
- 实践题目6 统计元素个数
- 实践题目7 列表奇偶拆分
- 实践题目8 用汉语拼音写数字

实践2 元组的定义和使用
- 实践题目1 元组方法练习
- 实践题目2 电视剧的收视率排行榜

Python组合数据类型

实践3 字符串的定义和使用
- 实践题目1 用户名生成
- 实践题目2 统计大、小写字母和数字个数
- 实践题目3 月份格式转换
- 实践题目4 日期格式转换
- 实践题目5 识别身份证号码信息

实践4 字典的定义和使用
- 实践题目1 元音统计
- 实践题目2 在生词本查单词的译文
- 实践题目3 识别身份证号码信息
- 实践题目4 根据诗名猜作者

实践5 集合的定义和使用
- 实践题目1 求两组整数的异或集
- 实践题目2 删除列表中的重复元素

实践6 序列解包
- 实践题目1 计算两点间距离
- 实践题目2 求三角形面积

实践导读

组合数据类型是 Python 语言区别于其他高级编程语言的一大特色，编程人员使用组合数据类型省去了其他语言中各种复杂数据结构的设计，极其方便，这也是 Python 流行于数据分析领域的原因之一。本章通过实践题目的训练，使读者熟练掌握 Python 组合数据类型——列表、元组、字符串、字典、集合的创建、访问和常见的基本操作方法，熟悉Python 组合数据类型的实际应用，掌握序列解包的常用操作。

本章的主要知识点如下：
- 列表的创建、访问和常见的基本操作方法。
- 元组的创建、访问和常见的基本操作方法。
- 字符串的常见基本操作方法及实际应用。
- 字典的创建、访问和常见的基本操作方法。
- 集合的创建、访问和常见的基本操作方法。
- 序列解包的常用操作。

实践目的

- ♀ 掌握 Python 组合数据类型的创建、访问和常见的基本操作方法。
- ♀ 熟悉 Python 组合数据类型的实际应用。
- ♀ 掌握序列解包的常用操作。

实践 1   列表的定义和使用

实践题目 1   求解三个整数的最大值

【问题描述】输入 3 个整数，输出其中最大的一个。

【输入形式】

3 个整数，空格隔开。

【输出形式】

最大的整数。

【样例输入】

1 2 3

【样例输出】

3

分析：将输入的 3 个整数存入列表中，使用内置函数 max() 求列表元素的最大值。

自然语言算法描述：

S1：读入一行字符串（包含多个数字）。

S2：以空格为分隔符，得到该行字符串的各个子串（数字串）组成的列表。

S2：将列表的字符串元素转换为整型数。

S3：求列表元素最大值并输出。

参考代码：

方法一：

```
line = input()              # 读入一行字符串
ns = line.split()           # 以空格为分隔符，得到该行字符串的各个子串组成的列表 ns
zs = []                     # 定义空列表
zs.append(int(ns[0]))       # 将第一个整数添加到列表中
zs.append(int(ns[1]))       # 将第二个整数添加到列表中
zs.append(int(ns[2]))       # 将第三个整数添加到列表中
print(max(zs))              # 求最大值并输出
```

方法二：

```
line = input().split()
zs = [int(i) for i in line]     # 使用列表推导式将字符串列表转换为整数列表
print(max(zs))
```

实践题目 2   数列翻转

【问题描述】编写程序，对列表中的数据进行翻转，即将数组中第一个数和最后一个数交换、第二个数和倒数第二个数交换，以此类推。

【输入形式】

数组元素的个数 n 以及 n 个整数，空格隔开。

【输出形式】

交换以后的数组，空格隔开。

【样例输入】

4 1 2 3 4

【样例输出】

4 3 2 1

分析：将输入的 n 个整数存入列表中，使用列表的 reverse() 方法将列表元素逆序排列。

自然语言算法描述：

S1：读入一行字符串（包含多个数字）。

S2：以空格为分隔符，得到该行字符串的各个子串（数字串）组成的列表。

S3：删除列表的第一个元素。

S4：将列表所有元素逆序排列。

S5：依次输出列表元素。

参考代码：

方法一：

```
line = input()
ss = line.split()
ss.pop(0)                          # 使用 pop() 方法删除列表第一个元素（索引为 0）
ss.reverse()                       # 将列表所有元素逆序排列
print(' '.join(map(str, ss)))      # 将列表元素映射为字符串，连接并输出
```

方法二：

```
line = input()
ss = line.split()
s1 = ss[1:]                        # 使用切片获取列表第二个（索引为 1）至末尾位置的元素
s1.reverse()                       # 将列表所有元素逆序排列
for s in s1:                       # 遍历列表元素
    print(s, end=' ')              # 输出列表元素
```

实践题目 3　合并数组

【问题描述】编写一个程序，将两个一维数组归并成一个有序的一维数组。

【输入形式】

第一行依次输入第一个数组元素，中间用空格分隔，最后按 Enter 键结束输入。

第二行依次输入第二个数组元素，中间用空格分隔，最后按 Enter 键结束输入。

【输出形式】

将两个一维数组合并为一个有序数组并按照从小到大顺序输出。

元素之间用空格分隔，最后一个输出之后没有空格。

【样例输入】

2 5 8 11 20 35

1 6 15 60

【样例输出】

1 2 5 6 8 11 15 20 35 60

分析：将两个一维数组元素分别存入两个列表中，然后使用运算符 + 或列表的 extend() 方法合并两个列表，最后使用列表的 sort() 方法对合并后的新列表排序。

自然语言算法描述：

S1：读入两行字符串（包含多个数字）。

S2：以空格为分隔符，分别得到两行字符串的各个子串（数字串）组成的列表。

S3：将列表的字符串元素转换为整型数。

S4：合并两个列表。

S5：将新列表元素由小到大排序。

S6：输出排序后的列表元素。

参考代码：

方法一：

```
line = input().split()
l1 = [int(i) for i in line]          # 使用列表推导式将列表元素映射为整型数
line = input().split()
l2 = [int(i) for i in line]
l1 += l2                             # 合并两个列表
l1.sort()                           # 对新列表排序
print(' '.join(map(str,l1)))        # 将列表元素映射为字符串，连接并输出
```

方法二：

```
l1 = list(map(int, input().split())) # 将列表元素映射为整型数，生成新列表
l2 = list(map(int, input().split()))
l1.extend(l2)                       # 合并两个列表
l1.sort()                           # 对新列表排序
for s in l1:                        # 遍历列表元素
    print(s, end=' ')               # 输出列表元素
```

实践题目 4 列表分段排序

【问题描述】编写程序，生成包含 20 个 0 ~ 100 之间的随机整数的列表，然后将前 10 个元素升序排列，后 10 个元素降序排列，输出原列表和排序后的列表。

【输入形式】

无。

【输出形式】

原列表和排序后的列表，各占一行。

【样例输出】

[8, 93, 45, 49, 30, 90, 6, 23, 9, 6, 20, 71, 73, 41, 61, 44, 62, 41, 32, 80]

[6, 6, 8, 9, 23, 30, 45, 49, 90, 93, 80, 73, 71, 62, 61, 44, 41, 41, 32, 20]

分析：使用切片分别访问列表中前 10 个元素和后 10 个元素，将切片获取的元素排序，替换原列表相应位置的元素。

自然语言算法描述：

S1：生成 20 个随机整数，依次存入列表中。

S2：使用切片分别访问前 10 个列表元素和后 10 个列表元素。

S3：将切片获取的元素排序，替换原列表相应位置的元素。

S4：输出排序后的结果。

参考代码：

方法一：

```
import random                          # 导入 random 模块
x = [random.randint(0,100) for i in range(20)]    # 生成随机整数列表
print(x)
x[:10] = sorted(x[:10])               # 切片访问前 10 个元素，升序排列并替换
x[10:] = sorted(x[10:], reverse=True) # 切片访问后 10 个元素，降序排列并替换
print(x)
```

方法二：

```
import random                          # 导入 random 模块
x = []                                 # 定义空列表
for i in range(20):
    x.append(random.randint(0,100))    # 生成随机整数，添加至列表末尾
print(x)
x[:10] = sorted(x[:10])               # 切片访问前 10 个元素，升序排列并替换
x[10:] = sorted(x[10:], reverse=True) # 切片访问后 10 个元素，降序排列并替换
print(x)
```

实践题目 5　寻找符合条件的数

【问题描述】输入一组整数，找出其中既能被 7 除余 5，又能被 5 除余 3，而且还能被 3 除余 2 的所有数。

【输入形式】

一组整数，逗号隔开。

【输出形式】

以列表形式输出符合条件的整数。

【样例输入 1】

50,68,99,173,200

【样例输出 1】

[68, 173]

【样例输入 2】

1,2,3,4,5,6

【样例输出 2】

[]

分析：将输入的整数存入列表中，使用列表推导式或者循环遍历列表元素及选择语句判断的方法，完成列表元素的筛选。

自然语言算法描述：

S1：将输入的整数存入序列（列表或元组）中。

S2：筛选序列中满足条件的元素，存入新列表中。

S3：将新列表打印输出。

参考代码：

方法一：

```
x = eval(input())                                    # 将输入字符串转换为元组
result = [i for i in x if i%7==5 and i%5==3 and i%3==2]   # 筛选满足条件的元素，存入列表
print(result)
```

方法二：

```
x = eval(input())                        # 将输入字符串转换为元组
result = []                              # 定义空列表
for i in x:                              # 遍历元组元素
    if i%7==5 and i%5==3 and i%3==2:     # 筛选满足条件的元素
        result.append(i)                 # 将符合条件的元素添加至列表末尾
print(result)
```

实践题目 6 统计元素个数

【问题描述】输入若干个 0～9 之间的数字，统计输出 0～9 出现的次数。

【输入形式】

输入多个数据，空格分隔。

【输出形式】

输出 0～9 出现的次数，空格分隔。

【样例输入】

8 8 6 5 2 1 0 9 7 1 6 9 6 6 9 2 3 3 2 9

【样例输出】

1 2 3 2 0 1 4 1 2 4

【样例说明】

对于所给样例，输出的数据表明 0 出现了 1 次，1 出现 2 次，以此类推。

分析：将输入的整数存入列表中，使用列表的 count() 方法统计列表元素出现的次数。

自然语言算法描述：

S1：读入一行字符串（包含多个数字）。

S2：以空格为分隔符，得到该行字符串的各个子串（数字串）组成的列表。

S3：统计原列表中 0～9 出现的次数，存入新列表中并输出；或者循环遍历 0～9，依次统计其在原列表中出现的次数并输出。

参考代码：

方法一：

```
x = input().split()
result = [x.count(str(d)) for d in range(10)]   # 统计字符 0～9 出现的次数，存入新列表
print(' '.join(map(str, result)))              # 将列表元素映射为字符串，连接并输出
```

方法二：

```
x = input().split()
for d in range(10):                    # 遍历 0～9
    print(x.count(str(d)), end=' ')    # 依次统计字符 0～9 出现的次数并输出
```

实践题目 7　列表奇偶拆分

【问题描述】输入一个列表，包含若干个整数（允许为空），然后将其中的奇数和偶数单独放置在一个列表中，保持原有顺序。

【输入形式】

输入一个列表。

【输出形式】

分两行输出，第一行输出偶数序列，第二行输出奇数序列，数据之间以逗号隔开。如果奇偶拆分后，奇数列表或者偶数列表为空，输出 NONE 表示。

【样例输入 1】

[48,82,47,54,55,57,27,73,86,14]

【样例输出 1】

48, 82, 54, 86, 14

47, 55, 57, 27, 73

【样例输入 2】

[10, 22, 40]

【样例输出 2】

10, 22, 40

NONE

分析：使用列表推导式或者循环遍历列表元素及选择语句判断的方法，筛选列表中的奇数和偶数。

自然语言算法描述：

S1：输入字符串，转换为列表。

S2：筛选原列表中的奇数和偶数，分别存入新列表中。

S3：判断新列表是否非空，如果非空，输出元素序列，否则，输出 NONE。

参考代码：

方法一：

```
numbers = eval(input())          # 将输入字符串转换为列表
even = [i for i in numbers if i%2==0]   # 使用列表推导式筛选原列表中的偶数
odd = [i for i in numbers if i%2!=0]    # 使用列表推导式筛选原列表中的奇数
if even:                         # 判断偶数列表是否非空
    print(str(even)[1:-1])       # 将列表转换为字符串，去掉首尾字符并输出
else:
    print('NONE')
if odd:                          # 判断奇数列表是否非空
    print(str(odd)[1:-1])
else:
    print('NONE')
```

方法二：

```
numbers = eval(input())          # 将输入字符串转换为列表
even = []                        # 定义空列表 even，用于存储偶数
odd = []                         # 定义空列表 odd，用于存储奇数
for i in numbers:
```

```
        if i%2==0:                      # 筛选原列表中的偶数
            even.append(i)              # 将偶数添加至列表 even 末尾
        else:
            odd.append(i)               # 将奇数添加至列表 odd 末尾
    if even:                            # 判断偶数列表是否非空
        print(','.join(map(str, even))) # 将列表元素映射为字符串，连接并输出
    else:
        print('NONE')
    if odd:                             # 判断奇数列表是否非空
        print(','.join(map(str, odd)))
    else:
        print('NONE')
```

实践题目 8　用汉语拼音写数字

【问题描述】输入一个正整数 n，计算其各位数字之和，用汉语拼音写出和的每一位数字。

【输入形式】

输入正整数 n 的值。

【输出形式】

输出 n 的各位数字之和的每一位对应的汉语拼音，汉语拼音间以空格隔开。

【样例输入】

1234567890

【样例输出】

si wu

自然语言算法描述：

S1：计算输入正整数的各位数字之和，方法为：使用 map() 函数将用户输入的数字字符串中每一个字符映射为整型数，使用 sum() 函数求和，存入变量 mysum 中。

S2：生成和的每一位数字对应的汉语拼音列表，方法为：定义一个汉语拼音字符串列表，索引与汉语拼音一一对应，遍历变量 mysum 的每一位数字（将变量 mysum 转换为字符串类型，遍历每一个字符），通过索引访问列表中对应的汉语拼音，存放在新列表 result 中。

S3：连接列表 result 中的汉语拼音元素，中间插入空格，并输出。

参考代码：

```
code = ['ling', 'yi', 'er', 'san', 'si', 'wu', 'liu', 'qi', 'ba', 'jiu']
n = input()
mysum = sum(map(int, n))                    # 计算输入正整数的各位数字之和
result = [code[int(i)] for i in str(mysum)] # 生成和的每一位数字对应的汉语拼音列表
print(' '.join(result))                     # 用空格连接汉语拼音并输出
```

实践 2　元组的定义和使用

实践题目 1　元组方法练习

【问题描述】将字符串"Learning Python is fun!"（包括每个单词之间的 1 个空格）转化为元组，输出元组的最后一个元素、长度、其中 ASCII 编码最大的字符，统计元组中字

母 n 出现的次数。

【输入形式】

无。

【输出形式】

!

23

y

4

分析：通过索引 -1 访问元组的最后一个元素；使用 len() 函数计算元组长度（空格和标点符号都是元组的元素）；使用 max() 函数计算元组中 ASCII 编码最大的元素；使用元组的 count() 方法统计元素出现的次数。

参考代码：

```
tuplea = tuple('Learning Python is fun!')
print(tuplea[-1])                # 输出元组的最后一个元素
print(len(tuplea))               # 输出元组的长度
print(max(tuplea))               # 输出元组中 ASCII 编码最大的字符
print(tuplea.count('n'))         # 输出元组中字母 n 出现的次数
```

实践题目 2　电视剧的收视率排行榜

【问题描述】应用列表和元组将以下电视剧按收视率由高到低进行排序：

"The private dishes of the husbands" 收视率：1.343%

"My father-in-law will do martiaiarts" 收视率：0.92%

"North Canton still believe in love" 收视率：0.862%

"Impossible task" 收视率：0.553%

"Sparrow" 收视率：0.411%

"Music legend" 收视率：0.562%

"Distant distance" 收视率：0.394%

"Give up,hold on to me" 收视率：1.4%

"East of dream Avenue" 收视率：0.164%

"The prodigal son of the new frontier town" 收视率：0.259%

【输入形式】

无。

【输出形式】

电视剧的收视率排行榜：

"Give up,hold on to me" 收视率：1.4%

"The private dishes of the husbands" 收视率：1.343%

"My father-in-law will do martiaiarts" 收视率：0.92%

"North Canton still believe in love" 收视率：0.862%

"Music legend" 收视率：0.562%

"Impossible task" 收视率：0.553%

"Sparrow" 收视率：0.411%

"Distant distance" 收视率：0.394%

"The prodigal son of the new frontier town" 收视率：0.259%

"East of dream Avenue" 收视率：0.164%

自然语言算法描述：

S1：建立一个电视剧信息列表，列表的每个元素为包含电视剧名称和对应收视率的元组。

S2：使用内置函数 sorted() 对列表进行降序排序，key 参数指定排序规则为元组中索引为 1 的元素（即电视剧收视率），reverse 参数设置为 True。

S3：循环遍历排序后的列表元素，输出排序结果。

参考代码：

```
TV_plays=[("The private dishes of the husbands",1.343),
        ("My father-in-law will do martiaiarts",0.92),
        ("North Canton still believe in love",0.862),
        ("Impossible task",0.553),
        ("Sparrow",0.411),
        ("Music legend",0.562),
        ("Distant distance",0.394),
        ("Give up,hold on to me",1.4),
        ("East of dream Avenue",0.164),
        ("The prodigal son of the new frontier town",0.259)
        ]
TV_plays=sorted(TV_plays, key=lambda s: s[1], reverse=True)
print(' 电视剧的收视率排行榜：')
for TV_play in TV_plays:
    print(TV_play[0]+' 收视率：'+str(TV_play[1])+'%')
```

实践 3 字符串的实际应用

实践题目 1 用户名生成

【问题描述】输入用户姓名，输出用户名字的首字母后面加上最多 7 位作为用户名。举例：用户姓名为 Alex Shoulson，生成的用户名为 AShoulso；用户姓名为 John Smith，生成的用户名为 JSmith。

【输入形式】

根据提示语句分别输入用户的名和用户的姓。

【输出形式】

输出生成的用户名。

【样例输入输出】

Please enter your first name:hongfei

Please enter your last name:zhu

Your username is:hzhu

分析：利用字符串切片操作和字符串拼接操作（使用运算符 +）生成用户名。

参考代码：

```
first =input("Please enter your first name:")
last = input("Please enter your last name:")
uname = first[0] + last[:7]          # 拼接用户名
print ("Your username is:",uname)
```

实践题目 2　统计大、小写字母和数字个数

【问题描述】统计一行字符串的大写字母、小写字母和数字的个数。

【输入形式】

输入一行字符串。

【输出形式】

第一行输出大写字母个数。

第二行输出小写字母个数。

第三行输出数字个数。

【样例输入】

ljaij1A

【样例输出】

1

5

1

分析：for 循环遍历用户输入的字符串，使用字符串的 isupper()、islower() 方法判别是否是大、小写字母，使用 isdigit() 方法判断是否是数字，统计个数并输出。

参考代码：

```
line = input()
cnt_upper = 0               # 大写字母计数器归零
cnt_lower = 0               # 小写字母计数器归零
cnt_digit = 0               # 数字计数器归零
for ch in line:            # 循环遍历用户输入的字符串
    if ch.isupper():        # 判别是否是大写字母
        cnt_upper += 1      # 计数器加 1
    if ch.islower():        # 判别是否是小写字母
        cnt_lower += 1
    if ch.isdigit():       # 判别是否是数字
        cnt_digit += 1
print(cnt_upper)
print(cnt_lower)
print(cnt_digit)
```

实践题目 3　月份格式转换

【问题描述】输入给定月份数字，输出对应的月份名称缩写。

【输入形式】

输入一个表示月份的数字（1 ～ 12）。

【输出形式】

输出数字对应月份名称的缩写。

【样例输入输出】

Enter a month number (1-12):<u>3</u>

The month abbreviation is Mar.

分析：将所有的月份名称存储在一个字符串中，利用字符串切片操作在该字符串中截取适当的子串来实现特定月份的查找和输出。

自然语言算法描述：

S1：将所有的月份名称存储在一个字符串中，即

months = "JanFebMarAprMayJunJulAugSepOctNovDec"

S2：在字符串中截取适当的子串来实现特定月份的查找和输出。

问题的关键在于找出在哪里剪切，例如已经算出在 pos 处开始，每个月的缩写都由 3 个字母组成，那么需要获得从起始位置 pos 开始且长度为 3 的子串：

monthAbbrev = months[pos:pos+3]

参考代码：

```
months = "JanFebMarAprMayJunJulAugSepOctNovDec"
n = eval(input("Enter a month number (1-12):"))
pos = (n-1) * 3
monthAbbrev = months[pos:pos+3]
print("The month abbreviation is", monthAbbrev + ".")
```

实践题目 4　日期格式转换

【问题描述】输入固定格式的日期，将其格式转换并输出。举例：输入日期"05/24/2003"，输出日期"May 24,2003."

【样例输入输出】

Enter a date (mm/dd/yyyy): <u>11/13/2003</u>

The converted date is: November 13, 2003

分析：利用斜杠分隔日期字符串，提取年、月、日信息；创建存储月份英文名称的列表，用于查找数字月份对应的英文名称。

自然语言算法描述：

S1：输入日期，格式为 mm/dd/yyyy，并保存在 dateStr 变量中。

S2：利用斜杠分离日期信息，将 dateStr 分成月份、日期、年份的字符串。

S3：利用数字月份查找月份的英文名称，将月份转换为字符串格式。

S4：创建并输出新的日期字符串，格式为：月份英文名称 日期,年份。

参考代码：

```
dateStr = input("Enter a date (mm/dd/yyyy): ")
monthStr, dayStr, yearStr = dateStr.split("/")
months = ["January", "February", "March", "April", "May", "June", "July", "August",
          "September", "October", "November", "December"]
monthStr = months[int(monthStr)-1]
print("The converted date is:", monthStr, dayStr+",", yearStr)
```

实践题目 5　识别身份证号码信息

【问题描述】身份证号码都是唯一的，新二代身份证号码为 18 位，前 6 位为籍贯：其中前 2 位为省区编号，7 ～ 10 位为出生年，11 ～ 12 位为出生月，13 ～ 14 位为出生日期，17 位为性别：偶数为女，奇数为男。根据以上规则，编写程序，实现输入身份证号码，输出出生日期和性别。

【样例输入输出】

请输入您的身份证号：

<u>110105200307051235</u>

您的生日是：2003 年 07 月 05 日

您的性别是：男

分析：为避免用户输入错误，首先应对输入数据进行合法性检验，方法为：使用 isdigit() 方法判断输入字符串是否只由数字组成；使用 len() 函数计算输入字符串长度并判断是否为 18 位。若用户输入符合要求，则使用切片访问指定范围内的字符，获取出生日期，判断性别。

参考代码：

```
instr=input(' 请输入您的身份证号：\n')
if instr[:16].isdigit() and len(instr) == 18:         #用户输入的合法性检验
    print(' 您的生日是：' + instr[6:10] +' 年 ' +instr [10:12] +' 月 ' + instr[12:14] +' 日 ')
    if int(instr[16]) % 2 == 0:
        gender = ' 女 '
    else:
        gender = ' 男 '
    print(' 您的性别是：' + gender )
```

实践 4　字典的定义和使用

实践题目 1　元音统计

【问题描述】输入任意字符串，统计其中元音字母（A、E、I、O、U，不区分大小写）出现的次数和占总字符数的比例。

【输入形式】

输入一个字符串，可以包含标点符号、空白字符等。

【输出形式】

输出的结果分 5 行，每一行分别显示 A、E、I、O、U 五个元音字母出现的次数和比例，元音字母后有一个冒号，出现的次数和比例用逗号隔开，冒号与逗号两边没有空格，百分比显示小数点后 2 位。

【样例输入】

FUZHOU -- More than 300 museums, including the national Museum of China and the Palace Museum, are taking part in a biennial museum expo in China.

【样例输出】

A:13,8.90%

E:11,7.53%

I:10,6.85%

O:5,3.42%

U:11,7.53%

分析：对字符串统一大小写后，使用字符串的 count() 方法统计其中的元音字母出现的次数，以元音字母为键、出现的次数为值存入字典元素，并依次输出对应的结果。

参考代码：

```
s = input()
count_vowel = {}                               # 定义空字典
for ch in 'AEIOU':                             # 遍历元音字母
    count_vowel[ch] = s.upper().count(ch)      # 统一大小写，统计次数，添加字典元素
for k,v in count_vowel.items():                # 遍历字典元素
    print(f'{k}:{v},{v/len(s):2.2%}')          # 格式化输出
```

实践题目 2　在生词本查单词的译文

【问题描述】先输入多个英文单词及其译文，然后输入一个英文单词，输出该单词的译文。

【输入形式】

第一行是整数 n，表示输入 n 个英文单词及其译文。

接下来输入 n 行是英文单词和译文，中间用空格隔开。

接下来输入一行是一个英文单词。

【输出形式】

输出最后输入的英文单词的译文。如果没有检索到该单词，输出 not found。

【样例输入】

3

word zi

go qu

input shuru

go

【样例输出】

qu

【样例说明】

qu 是 go 单词的译文。

分析：以英文单词为键、译文为值，创建一个字典；通过字典的键，访问字典的值，如果键不存在，输出 not found。

参考代码：

方法一：

```
num = int(input())
dict_word_explain = {}
for i in range(num):                           # 循环 num 次
    word, explain = input().split()            # 序列解包
    dict_word_explain[word] = explain          # 添加字典元素
```

```
new_word = input()
if new_word in dict_word_explain:          # 判断字典中是否存在键 new_word
    print(dict_word_explain[new_word])     # 输出键 new_word 对应的值
else:
    print("not found")
```

方法二：

```
num = int(input())
dict_word_explain = {}
for i in range(num):                        # 循环 num 次
    word, explain = input().split()         # 序列解包
    dict_word_explain[word] = explain       # 添加字典元素
new_word = input()
print(dict_word_explain.get(new_word,"not found")) # 若存在键 new_word 则输出对应的值，否则输
                                            # 出 not found
```

实践题目 3   识别身份证号码信息

【问题描述】身份证号码前 2 位为所属省区信息，编写程序，实现根据输入身份证号码判断省份。

【样例输入输出】

请输入您的身份证号：

<u>110105200307051235</u>

您来自：北京市

分析：创建以身份证号码前 2 位为键、所属省区信息为值的字典，使用切片访问身份证号码前 2 位并指定为"键"，使用 get() 方法返回该"键"对应的"值"，若返回值非空，则输出对应信息。

参考代码：

```
dic={'11':' 北京市 ','12':' 天津市 ','13':' 河北省 ','14':' 山西省 ','15':' 内蒙古自治区 ','22':' 吉林省 ','23':' 黑
龙江省 ','31':' 上海市 ','32':' 江苏省 ','33':' 浙江省 ','35':' 福建省 ','36':' 江西省 ','37':' 山东省 ','41':' 河南
省 ','42':' 湖北省 ','44':' 广东省 ','45':' 广西壮族自治区 ','46':' 海南省 ','50':' 重庆市 ','51':' 四川省 ','53':'
云南省 ','54':' 西藏自治区 ','61':' 陕西省 ','62':' 甘肃省 ','63':' 青海省 ','65':' 新疆维吾尔自治区 ','71':' 台
湾省 ','81':' 香港特别行政区 ','82':' 澳门特别行政区 '}
instr=input(' 请输入您的身份证号：\n')
if instr[:16].isdigit() and len(instr) == 18:       # 用户输入的合法性检验
    if dic.get(instr[0:2]):                          # 返回指定"键"对应的"值"
        newstr=dic[instr[0:2]]
        print(' 你来自：', newstr)
```

实践题目 4   根据诗名猜作者

【问题描述】随机显示某一首诗的诗名，要求用户输入该诗的作者，程序判断是否正确。若用户输入正确，输出"correct!"，否则，输出 wrong。

【样例输入输出 1】

锄禾 的作者是谁

enter your answer:<u>王维</u>

wrong

【样例输入输出 2】

咏鹅 的作者是谁

enter your answer: <u>骆宾王</u>

correct!

分析：一个诗人对应多首诗，但是一首诗对应一位诗人，所以考虑将诗名和诗人的信息以"诗名：诗人"的格式存储到字典中。程序随机选择某一首诗的方法为：将字典的键名取出存储到一个列表中，用 random.choice() 方法从该列表中随机选择一首诗，然后让用户输入答案，判断是否正确。

参考代码：

```python
import random
poet_writer={' 锄禾 ':' 李绅 ',' 九月九日忆山东兄弟 ':' 王维 ',' 咏鹅 ':' 骆宾王 ',' 秋浦歌 ':' 李白 ',' 竹石 ':
' 郑燮 ',' 石灰吟 ':' 于谦 ',' 示儿 ':' 陆游 '}
poet=list(poet_writer.keys())        # 将字典的键名取出存储到列表中
p=random.choice(poet)                # 随机选择一首诗
print(p,' 的作者是谁 ')
answer=input('enter your answer:')
if answer==poet_writer[p]:
    print("correct!")
else:
    print("wrong")
```

实践 5　集合的定义和使用

实践题目 1　求两组整数的异或集

【问题描述】输入两组整数（每行不超过 20 个整数，每组整数中元素不重复），求两组整数的异或集（合并两组整数，去掉在两组整数中都出现的整数后形成的集合），并按从小到大的顺序排序输出。

【输入形式】

第一行输入第一组整数，空格分隔。

第二行输入第二组整数，空格分隔。

【输出形式】

按从小到大的顺序输出两组整数的异或集，整数间以空格分隔。

【样例输入】

5 1 4 32 8 7 9 -6

5 2 8 7 10 1 6

【样例输出】

-6 2 4 6 7 8 9 10 32 87

分析：分别将两组整数存为两个集合，使用操作符或集合的运算方法执行异或集操作，然后使用 sorted() 函数对生成的集合排序并输出。

参考代码：

方法一：

```
s1 = set(map(int, input().split()))
s2 = set(map(int, input().split()))
s = (s1 | s2) - (s1 & s2)          # 求两组整数的并集与交集的差集
l = sorted(s)
for i in l:                        # 遍历集合元素
    print(i,end=' ')               # 输出集合元素
```

方法二：

```
s1 = set(map(int, input().split()))
s2 = set(map(int, input().split()))
s = s1 ^ s2                        # 求两组整数的异或集
l = sorted(s)
print(' '.join(map(str, l)))       # 将集合元素映射为字符串，连接并输出
```

实践题目 2　删除列表中的重复元素

【问题描述】输入一个列表的元素后，降序输出该列表的元素（重复元素只输出一次）。

【输入形式】

输入多个数据，使用逗号间隔。

【输出形式】

降序排列不重复输出元素，使用空格间隔。

【样例输入】

1,3,5,7,2,4,3,1,5,2,4

【样例输出】

7 5 4 3 2 1

分析：使用集合对输入数据去重，使用 sorted() 函数排序后输出。

自然语言算法描述：

S1：将输入字符串（逗号间隔的数据）转换为元组。

S2：将元组转换为集合，同时删除重复元素。

S3：使用 sorted() 函数对集合降序排序，返回新列表。

S4：按照指定格式输出排序后的列表元素。

参考代码：

```
data = set(eval(input()))          # 将输入字符串先转换为元组，再转换为集合
dataNew = sorted(data, reverse=True)  # 降序排列集合元素，生成新列表
for i in dataNew:                  # 遍历列表元素并输出
    print(i, end=' ')
```

实践 6　序列解包

实践题目 1　计算两点间距离

【问题描述】分别输入两个点坐标，计算并输出两点间的距离。

【输入形式】

先输入第一个点的横坐标和纵坐标（逗号间隔），再输入第二个点的横坐标和纵坐标（逗号间隔），输入数据可以是整数或者小数。

【输出形式】

输出浮点数保留到小数点后 4 位。

【样例输入】

1.2, 3.4

5.6, 8

【样例输出】

6.3655

分析：序列解包是 Python 中非常重要和常用的一个功能，可以使用非常简洁的形式完成复杂的、同时为多个变量赋值的功能，提高了代码的可读性，减少了程序员的代码输入量。

本题可使用序列解包对一个点的横、纵坐标变量同时赋值。当输入数据以逗号间隔时，可首先利用 eval() 函数将输入字符串转换为元组，再将元组同时赋值给多个变量，实现序列解包。

参考代码：

```python
import math
x1,y1 = eval(input())          # 为第一个点的横、纵坐标变量同时赋值
x2,y2 = eval(input())          # 为第二个点的横、纵坐标变量同时赋值
distance = math.sqrt((x2-x1)**2 + (y2-y1)**2)
print('%.4f' %distance)
```

实践题目 2　求三角形面积

【问题描述】若已知三角形三个边的长度分别为 a、b、c（假设三个边长度的单位一致，在本编程题中忽略其单位），则可以利用公式求得三角形的面积：

$$s = \sqrt{s(s-a)(s-b)(s-c)}$$

其中：s=(a+b+c)/2。编程实现从控制台读入以整数或小数表示的三个边的长度（假设输入的长度可以形成三角形），然后利用上述公式计算面积并输出，结果小数点后保留 3 位有效数字。

【输入形式】

输入三个数表示三角形三个边的长度，以空格间隔。

【输出形式】

输出求得的三角形的面积，小数点后保留三位有效数字。

【样例输入】

4.4 4.5 6.7

【样例输出】

9.812

分析：本题可使用序列解包为存储三角形三个边长的变量同时赋值。当输入数据以空格间隔时，可首先利用空格将输入字符串拆分存入列表中，然后使用 map() 函数将列表的

字符串元素映射为浮点型，返回一个可迭代的 map 对象，再将 map 对象的元素同时赋值给多个变量，实现序列解包。

参考代码：

```
import math
a,b,c=map(float,input().split())          # 使用 map 对象进行序列解包
s=(a+b+c)/2.0
area=math.sqrt(s*(s-a)*(s-b)*(s-c))
print("%.3f"%area)                          # 格式化输出，保留三位小数
```

本章小结

通过本章的实践题目理解和掌握 Python 组合数据类型——列表、元组、字符串、字典、集合的创建、访问和常见的基本操作方法，熟练应用 Python 组合数据类型解决实际问题，掌握序列解包的常用操作，提高代码编写效率。

第 4 章　Python 控制结构

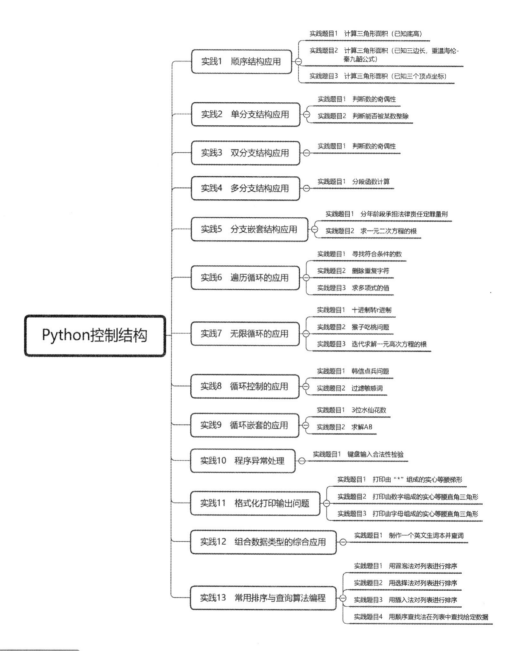

実践1　顺序结构应用
　　实践题目1　计算三角形面积（已知底高）
　　实践题目2　计算三角形面积（已知三边长，重温海伦-秦九韶公式）
　　实践题目3　计算三角形面积（已知三个顶点坐标）

实践2　单分支结构应用
　　实践题目1　判断数的奇偶性
　　实践题目2　判断能否被某数整除

实践3　双分支结构应用
　　实践题目1　判断数的奇偶性

实践4　多分支结构应用
　　实践题目1　分段函数计算

实践5　分支嵌套结构应用
　　实践题目1　分年龄段承担法律责任定罪量刑
　　实践题目2　求一元二次方程的根

实践6　遍历循环的应用
　　实践题目1　寻找符合条件的数
　　实践题目2　删除重复字符
　　实践题目3　求多项式的值

实践7　无限循环的应用
　　实践题目1　十进制转r进制
　　实践题目2　猴子吃桃问题
　　实践题目3　迭代求解一元高次方程的根

实践8　循环控制的应用
　　实践题目1　韩信点兵问题
　　实践题目2　过滤敏感词

实践9　循环嵌套的应用
　　实践题目1　3位水仙花数
　　实践题目2　求解AB

实践10　程序异常处理
　　实践题目1　键盘输入合法性检验

实践11　格式化打印输出问题
　　实践题目1　打印由"*"组成的实心等腰梯形
　　实践题目2　打印由数字组成的实心等腰直角三角形
　　实践题目3　打印由字母组成的实心等腰直角三角形

实践12　组合数据类型的综合应用
　　实践题目1　制作一个英文生词本并查词

实践13　常用排序与查询算法编程
　　实践题目1　用冒泡法对列表进行排序
　　实践题目2　用选择法对列表进行排序
　　实践题目3　用插入法对列表进行排序
　　实践题目4　用顺序查找法在列表中查找给定数据

实践导读

　　程序控制结构是人类对物质运动规律认识的抽象和总结，程序通过顺序、选择和循环三种控制结构对物质运动规律的描述与马克思主义自然哲学对物质运动规律的解释殊途同归，二者交相辉映，相得益彰，读者可同步学习程序控制结构和马克思主义自然哲学原理，理解与掌握程序控制结构，提升计算思维能力和程序设计能力，事半功倍。

　　本章的主要知识点如下：

　　程序的基本结构为申请内存、输入、计算和输出，其中，申请内存就是按照 Python

的命名规范定义各种数据类型和数据结构，为计算和交互做好准备；计算通常有赋值和各种运算以及连乘、累加等操作，是计算机的主要工作；输入和输出是人机交互的主要内容，通过输入输出接口，计算机接收必要数据，输出计算结果。

- Python 中用 if 语句（条件语句）实现选择结构，它有以下五种形式：

  if 单分支选择结构语句。

  if...else 双分支选择结构语句。

  if...elif...else 三分支选择结构语句。

  if...elif...elif...else 多分支选择结构语句。

  if 嵌套选择结构语句。

  注意：if 语句后的冒号不能省略，每一层选择结构内的语句块要缩进。

- Python 中实现循环结构主要有以下两种形式：

  for...in... 遍历循环（计数循环）。

  while... 无限循环（条件循环）。

  需要理解 break 和 continue 两个关键字的作用和含义。

  注意：for 语句和 while 语句后的冒号不能省略，每一层循环结构内的语句块要缩进。

- 格式化输出、多项式迭代计算、查找和排序等基本算法设计及 Python 程序设计。

实践目的

- 理解计算机程序的基本结构。
- 掌握顺序结构程序设计方法，熟练使用算术运算符、逻辑运算符、关系运算符进行运算。
- 掌握选择结构程序设计方法，熟练使用 if 语句。
- 掌握循环结构程序设计方法，熟练使用 for 语句和 while 语句。
- 熟练掌握常用算法的程序设计方法。

实践 1　顺序结构应用

顺序结构是计算机程序的基本结构，是对物质运动规律的总的描述，本章通过几个实践题目的综合训练，使读者熟练掌握 Python 变量定义的方法，进一步理解简单数据类型和组合数据类型的特点和使用方法，熟练掌握用一系列简单语句完成较为复杂计算任务的方法，并深入理解程序设计的基本步骤和流程，即申请内存、输入、计算和输出。

根据不同已知条件，用不同方法计算三角形面积。

实践题目 1　计算三角形面积（已知底高）

【问题描述】已知三角形的一边长 a 和该边上的高 h，计算三角形的面积 s，结果保留 2 位小数。

【输入形式】

两次从键盘输入边长 a 和高 h，浮点数。

【输出形式】

输出三角形面积 s。

【样例输入】

3.14

4.16

【样例输出】

6.53

自然语言算法描述：

S1：输入三角形一底边长 a 和其上高 h。

S2：计算：s=0.5*a*h。

S3：打印输出三角形面积 s 并保留 2 位小数。

流程图如图 4-1 所示。

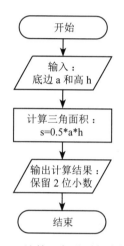

图 4-1　计算三角形面积流程图

参考代码：

```
a=float(input())        # 用 float() 函数将 input() 收到的数字字符串转换成浮点数
h=float(input())        # 用 float() 函数将 input() 收到的数字字符串转换成浮点数
s=0.5*a*h               # 计算三角形面积
print("%0.2f"%s)        # 格式化打印输出
```

程序运行结果如下：

```
3.14
4.16
6.53
```

程序中如果能加入提示信息，会更加人性化，人机交互更加自然，实用性会更强，以下为带提示信息的参考代码：

```
s1=" 三角形面积为： "
a=float(input(" 请输入三角形的一底边长 a="))
h=float(input(" 请输入三角形底边上高 h="))
s=0.5*a*h

print("%s%0.2f"%(s1s,s))        # 采用百分号 % 元组输出
print('{}{:.2f}'.format(s1s,s)) # 采用 format 格式输出
```

程序运行结果如下：

```
请输入三角形的一底边长 a=3.14
```

请输入三角形底边上高 h=4.16
三角形面积为：6.53
三角形面积为：6.53

小结：本题目虽然简单，但包含了顺序程序设计的基本过程，申请内存、数据输入、计算和结果输出。程序设计中用到了 input()、float()、print() 函数以及 % 和 format 格式化输出方法，这些都是构成程序的基本元素，这些函数的熟练使用是程序设计的基本功，编程人员经过反复修改调试，编程能力会在不知不觉中提高。

实践题目 2　计算三角形面积（已知三边长，重温海伦 – 秦九韶公式）

【问题描述】已知三角形三边长 a、b、c，计算三角形的面积 s，结果保留 2 位小数。.

说明：可利用海伦 - 秦九韶公式

$$s = \sqrt{p(p-a)(p-b)(p-c)}$$

其中，$p = \dfrac{1}{2}(a+b+c)$。

【输入形式】

三次从键盘输入三边长 a、b、c，浮点数。

【输出形式】

输出三角形面积 s。

【样例输入】

3.14

4.16

5.18

【样例输出】

6.53

自然语言算法描述：

S1：输入三角形三边长 a、b、c。

S2：计算：p=0.5*(a+b+c)，s=sqrt(p*(p-a)*(p-b)*(p-c))。

S3：打印输出三角形面积 s 并保留 2 位小数。

流程图如图 4-2 所示。

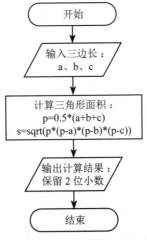

图 4-2　计算三角形面积流程图

参考代码：

```
import math    # 导入数学库
# 数据输入
a=float(input())
b=float(input())
c=float(input())
# 面积计算
p=0.5*(a+b+c)
s=math.sqrt(p*(p-a)*(p-b)*(p-c))
# 结果输出
print(%0.2f'%s)
```

程序运行结果如下：

```
3.14
4.16
5.18
6.53
```

带提示信息的参考代码：

```
import math    # 导入数学库
# 数据输入
a=float(input(" 请输入第一边长 a="))
b=float(input(" 请输入第二边长 b="))
c=float(input(" 请输入第三边长 c="))
# 面积计算
p=0.5*(a+b+c)
s=math.sqrt(p*(p-a)*(p-b)*(p-c))
# 结果输出
print(" 三角形的面积为：%0.2f'%s)
```

程序运行结果如下：

```
请输入第一边长 a=3.14
请输入第二边长 b=4.16
请输入第三边长 c=5.18
三角形的面积为：6.53
```

小结：与实践题目 1 相比，本题使用了 Python 数学库，增加了求三角形周长和求算术平方根函数，计算更加复杂，其他没有区别。

实践题目 3   计算三角形面积（已知三个顶点坐标）

【问题描述】已知三角形三个顶点 A、B、C 的坐标分别为 (x_1,y_1)、(x_2,y_2)、(x_3,y_3)，计算三角形的面积 s，结果保留 2 位小数。

说明：可利用空间矢量的叉积公式

$$s = \left| \overline{AB} \times \overline{AC} \right| = \frac{1}{2} \left| \overline{AB} \right| \cdot \left| \overline{AC} \right| \sin \theta$$

$$= \frac{1}{2} \left\| \begin{matrix} 1 & 1 & 1 \\ x_1 & x_2 & x_3 \\ y_1 & y_2 & y_3 \end{matrix} \right\| = \frac{1}{2} \left| x_1 y_2 + x_2 y_3 + x_3 y_1 - x_1 y_3 - x_2 y_1 - x_3 y_2 \right|$$

【输入形式】

三次从键盘输入三组坐标 (x1,y1)、(x2,y2)、(x3,y3)，浮点数。

【输出形式】

输出三角形面积 s。

【样例输入】

1,1

2,3

4,2

【样例输出】

2.50

自然语言算法描述：

S1：输入三角形三顶点坐标。

S2：计算：s=0.5*abs(x1*y2-x2*y1+x2*y3-x3*y2+x3*y1-x1*y3)。

S3：打印输出三角形面积 s 并保留 2 位小数。

流程图如图 4-3 所示。

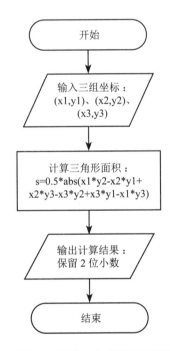

图 4-3　计算三角形面积流程图

参考代码：

```
s1=" 三角形 ABC 的面积为： "
# 数据输入
x1,y1= map(float, input(" 请输入 A 点坐标： ").split(","))
x2,y2= map(float, input(" 请输入 B 点坐标： ").split(","))
x3,y3= map(float, input(" 请输入 C 点坐标： ").split(","))
# 计算
s=0.5*abs(x1*y2-x2*y1+x2*y3-x3*y2+x3*y1-x1*y3)
# 结果输出
print("{}{:.2f}".format(s1,s))
```

程序运行结果如下：

请输入 A 点坐标：1,1
请输入 B 点坐标：2,3
请输入 C 点坐标：4,2
三角形 ABC 的面积为：2.50

小结：与实践题目 1、2 相比，本题使用了 split()、map() 函数（增加了多元数据输入的功能）和 abs() 内置数学函数，算法公式推导复杂，编程变得简单。

实践 2 单分支结构应用

选择结构用来描述物质运动的条件性，分为单分支结构、双分支结构、多分支结构和选择嵌套几种典型情况，几种结构有机结合、灵活运用可以描述非常复杂的选择判断和推理决策逻辑。

单分支选择结构表述如果满足条件那么执行相应的动作的单条件选择判断，不满足条件程序什么都不做，继续往后执行。

实践题目 1 判断数的奇偶性

【问题描述】从键盘输入一个整数，判断其奇偶性，并打印输出结论。

【输入形式】

输出提示字符，并从键盘输入一个数 n。

【输出形式】

输出结论字符。

【样例输入 1】

请输入一个整数：3

【样例输出 1】

您输入的数 3 是奇数

【样例输入 2】

请输入一个整数：8

【样例输出 2】

您输入的数 8 是偶数

参考代码：

```
n=eval(input(" 请输入一个整数："))
if n%2!=0:
    print(" 您输入的数 "+str(n)+" 是奇数 ")
if n%2==0:
    print(" 您输入的数 "+str(n)+" 是偶数 ")
```

小结：单分支结构只需要按照输入、计算和输出的流程即可完成编码。

实践题目 2 判断能否被某数整除

【问题描述】从键盘输入一个整数，判断其能否被 3、5 或 7 整除，如能则打印输出结论，如不能则不管。

【输入形式】

输出提示字符，并从键盘输入一个数 n。

【输出形式】

输出结论字符。

【样例输入】

请输入一个 1 ～ 100 的整数：15。

【样例输出】

15 可以被 3 整除

15 可以被 5 整除

参考代码：

```
n=eval(input(" 请输入一个 1 ～ 100 的整数："))
if n%3==0:
    print(str(n)+" 可以被 3 整除 ")
if n%5==0:
    print(str(n)+" 可以被 5 整除 ")
if n%7==0:
print(str(n)+" 可以被 7 整除 ")
```

跟实践题目 1 类似，如果题目没有要求具体输出能被几整除，只要能被 3 个数中任何一个整除就输出结论，那就可以把三个判断整合成一个逻辑表达式，参考代码如下：

```
num=eval(input(" 请输入一个 1 ～ 100 的整数："))
if n%3==0 or n%5==0 or n%7==0:
    print("%d 可以被 3、5 或 7 整除 "%num)
```

实践 3　双分支结构应用

双分支选择结构表述如果满足条件那么执行相应的操作，否则执行另外的操作，两方面都有相应处理的选择判断逻辑，即不满足条件程序执行其他操作，这样就将满足条件和不满足条件两种情况都考虑到了。

实践题目 1　判断数的奇偶性

【问题描述】从键盘输入一个整数，判断其奇偶性，并打印输出结论。

【输入形式】

输出提示字符，并从键盘输入一个数 n。

【输出形式】

输出结论字符。

【样例输入 1】

请输入一个整数：3

【样例输出 1】

您输入的数 3 是奇数

【样例输入 2】

请输入一个整数：8

【样例输出 2】

您输入的数 8 是偶数

参考代码：

```
n=eval(input(" 请输入一个整数："))
if n%2==0:
    print(" 您输入的数 "+str(n)+" 是偶数 ")
else:
    print(" 您输入的数 "+str(n)+" 是奇数 ")
```

本题与实践 2 为同一题，采用不同的程序表述，前者采用单分支语句结构，后者采用双分支语句结构，虽然实现的功能相同，但是执行的效率是不一样的，采用单分支结构语句，不论该数是奇数还是偶数，都要执行两次判断，而双分支结构语句则只需要执行一次判断即可，效率更高。由此可以看出在处理正反两方面的情况时，宜采用双分支结构语句，而不是用两个单分支语句来表述。本题所处理的问题简单，二者区别还不明显，如果选择结构内部有复杂处理过程，区别就显而易见了。

实践 4　多分支结构应用

多分支选择结构表述物质运动的多解性、分段性、分时性等特点，使用该语句求解描述问题时要注意，所设置的多个条件不能有交叉，所有条件加起来是条件全集，覆盖所有情况，这样程序在运行时，会从第一个条件开始依次判断，只要找到满足条件的，就执行内部语句块，到结束，后边条件不再判断，即多分支结构语句的执行原则是要么一个条件都不执行，要么多选一执行。

实践题目 1　分段函数计算

【问题描述】编写程序实现分段函数计算。

【输入形式】

x	y
x<0	0
$0 \leqslant x < 5$	x
$5 \leqslant x < 10$	3x−5
$10 \leqslant x < 20$	0.5x−2
$20 \leqslant x$	0

输出提示字符，并从键盘输入一个数 n。

【输出形式】

显示小数点后边 1 位小数。

【样例输入 1】

-1

【样例输出 1】

0.0

【样例输入 2】

2

【样例输出 2】

2.0

参考代码：

```
x=eval(input())
if x<0:
    y=0
elif x<5:
    y=x
elif x<10:
    y=3*x-5
elif x<20:
    y=0.5*x-2
else:
    y=0
print("%0.1f"%y)
```

小结：本题是一个非常典型的多分支结构应用，通过多次练习和测试可体会到以下两点：①实践中常见的问题有表达式书写，如 elif x<5，这里经常有同学写成 elif x>=0 and x<5，虽然这也正确，但是 elif 本身就包含了 x>=0，再写上，程序的可读性就会降低；②可以看到运用 if...elif...else 语句序列很好地表达了分段函数，覆盖了分段函数定义域的全部范围，且彼此之间没有交叉。

实践 5　分支嵌套结构应用

分支嵌套选择结构表述物质运动的条件复杂性特点，物质运动往往不是单一条件限制，也不仅仅是几个条件限制，可能是在条件中有条件，甚至有多重条件的限制。有了分支嵌套和多种条件选择结构，就可以很好地描述物质运动复杂的多重条件限制。

实践题目 1　分年龄段承担法律责任定罪量刑

【问题描述】编写程序实现对不同年龄给出承担刑事责任的判决。我国《刑法》对犯罪的年龄分为三个阶段：

（1）完全不负刑事责任年龄：14 周岁以下。

（2）相对不负刑事责任年龄：14 ～ 16 周岁，在这个年龄阶段的未成年人犯故意杀人、抢劫、强奸、贩毒、放火、投放危险物质、爆炸、故意伤害致人重伤死亡罪的应当承担刑事责任。

（3）完全负刑事责任年龄：16 周岁以上。在这个年龄阶段的人犯任何罪都应当承担刑事责任。

另外，18 周岁以下统称为减轻刑事责任年龄。在这个年龄段犯罪的都应当视情节从轻减轻处罚。

【输入形式】

年龄整数。

【输出形式】

完全不负刑事责任、相对不负刑事责任、完全负刑事责任。

【样例输入 1】

15

【样例输出 1】

相对不负刑事责任，减轻刑事责任年龄

【样例输入 2】

17

【样例输出 2】

完全负刑事责任，减轻刑事责任年龄

分析：首先将年龄段分成 18 岁以下和 18 岁以上两个阶段，然后在 18 岁以下阶段再分成三个阶段进行判决。

参考代码：

```
x=eval(input())
if x<18:
  if x<14:
    print(" 完全不负刑事责任 ")
  elif x<16:
    print(" 相对不负刑事责任，减轻刑事责任年龄 ")
  elif x<18:
    print(" 完全负刑事责任，减轻刑事责任年龄 ")
else:
  print(" 完全负刑事责任 ")
```

小结：最为重要的不是程序设计和编码调试，而是把要描述工作的业务流程和逻辑结构梳理清楚。针对本题，我们最主要的工作是把刑法中对犯罪人年龄段划分的相关规则梳理清楚，程序只是以另一种方式表述而已。

实践题目 2   求一元二次方程的根

【问题描述】编写程序实现对给定系数的一元二次方程 $ax^2 + bx + c = 0$（$a \neq 0$），求其全部根（包括实数根和复数根），结果保留 4 位小数。可采用一元二次方程的求根公式计算，公式如下：

$$x_{1,2} = \frac{-b \pm \sqrt{b^2 - 4ac}}{2a}$$

【输入形式】

一元二次方程的三个系数，用逗号隔开。

【输出形式】

一元二次方程的两个根，相同，则连等输出，不同，则用逗号隔开。

【样例输入】

1,6,9

1,4,2

8,1,2

【样例输出】

x1=x2=-3.0000

x1=-0.5858,x2=-3.4142

x1=-0.0625+0.4961j,x2=-0.0625-0.4961j

分析：总体分两种情况，判别式等于零，判别式不等于零，对于不等于零的情况又分两种，判别式大于零，两个实根，直接可以得到，判别式小于零，两个复数根，开平方时要先取绝对值。

参考代码：

```
import math
a,b,c=map(int,input().split(','))
delt=b*b-4*a*c
if delt==0:
    x1=x2=-b/2/a
    print("x1=x2={:.4f}".format(x1))
else:
    if delt>0:
        x1=(-b+math.sqrt(delt))/2/a
        x2=(-b-math.sqrt(delt))/2/a
    else:
        x1=complex(-b/2/a,math.sqrt(abs(delt))/2/a)
        x2=complex(-b/2/a,-math.sqrt(abs(delt))/2/a)
    print("x1={:.4f},x2={:.4f}".format(x1,x2))
```

小结：本题注意三个关键点：①序列输入方法；②选择嵌套计算三种情况，特别是复数的计算；③三种情况的格式化输出，可以用 % 和 format 两种方法格式化输出。

实践 6　遍历循环的应用

循环结构是整个程序设计的核心，多数情况可以通过循环将一项复杂的任务分解成计算机可以连续、重复操作的动作序列，既达到分而治之、自顶向下逐步求精的效果，也充分利用了计算机快速计算的优势，提高了 CPU 的利用率，还可以充分提高有限内存的利用率。

遍历循环又称为计数循环，即事先确定了循环的次数和重复的范围。有些情况循环次数和遍历范围很明确，直接给定即可，有些情况不明确，需要进行转换设定，使操作限定在某一特点数据点范围。

实践题目 1　寻找符合条件的数

【问题描述】从键盘输入一组数，请编程找出其中既能被 7 除余 5，又能被 5 除余 3，而且还能被 3 除余 2 的所有数。

【输入形式】

用逗号隔开的一组数。

【输出形式】

满足条件数构成的列表。

【样例输入】

54,68,85,173,383

11,12,13,14,18,26

【样例输出】

[68, 173, 383]

[]

分析：本题给定一组数，数量个数确定，相当于给定了遍历范围，知道了循环次数，因此用遍历循环。

参考代码：

```
# 申请内存，存放从键盘输入的一组数，并将其转换成列表
slist=list(eval(input()))
# 申请内存，存放目标列表
tlist=[]
for i in slist:                    # 给定遍历范围
    if i%7==5 and i%5==3 and i%3==2:   # 给定筛选条件
        tlist.append(i)            # 保存筛选结果
print(tlist)                       # 打印输出结果
```

小结：这个问题是典型的遍历筛选，把握三点：①确定遍历范围，遍历变量；②设置筛选条件；③写对取余运算和逻辑运算的表达式。

实践题目 2　删除重复字符

【问题描述】删除字符串中的重复字符。

【输入形式】

输入一个字符串，全为字母字符。

【输出形式】

输出删除重复字符后的字符串。

【样例输入】

aaabbcccbdadd

【样例输出】

abcd

【样例说明】

删除第二个和第三个等相同字符，保留第一个遇到的不同字符。

分析：字符串可以作为遍历循环的遍历范围，换个角度，不在原字符串进行删除，新建一个字符串作为无重复字符串，遍历原字符串，只要在新字符串中找不到就添加，这样新字符串就为原字符串删除重复字符后的结果。

自然语言算法描述：

S1：申请空列表 lst1。

S2：遍历原字符串 lst。

S3：判断，如果 lst 中的字符在 lst1 中，到 S2，否则，将该字符添加到 lst1。

S4：判断，如果遍历为结束，到 S2，否则，到 S5。

S5：将列表 lst1 拼接成字符串，并打印输出结果。

参考代码

```
lst1=[]
lst=list(input())
```

```
for i in lst:
    if i not in lst1:
        lst1.append(i)
print("".join(lst1))
```

实践题目 3　求多项式的值

【问题描述】根据三角函数的级数算法公式求三角函数值，公式如下：

$$\sin(x) = x - \frac{x^3}{3!} + \frac{x^5}{5!} - \frac{x^7}{7!} + \cdots + (-1)^{k-1}\frac{x^{2k-1}}{(2k-1)!}$$

任给实数 x，求多项式的前 k 项和，并与系统数学库中 sinx 值一起比较输出。

【输入形式】

分两行输入两个数，x 值、项数 k。

【输出形式】

x 的前 k 次项和的值和数学库中的 sinx 值。

【样例输入】

Input the number of items n:100

Input the number to cuculate x:3.14/4

【样例输出】

The value of sinx(x) is 0.70682518

The value of system function sin(x) is 0.70682518

分析：求解 sinx 的过程其实就是求 x 的 2k-1 次连乘、2k-1 的阶乘和前 k 项和的过程，计算机算法要充分利用 ak 项与 k 的函数关系，第 k 项与第 k-1 项的关系。关系梳理见表 4-1。

表 4-1　关系梳理

项数	递推关系
n=1	a1=x
n=2	a2=a1*x*x/2/3
n=3	a3=a2*x*x/4/5
n=4	a4=a3*x*x/6/7
…	…
n=k	ak=a(k-1)*x*x/(2*k-2)/(2*k-1)

自然语言算法描述：

S1：从键盘接收实数 x 和项数 k。

S2：初始化项次 i=1，an=x，sn=an。

S3：i 从 2 到 k 遍历。

S4：递推计算 an=an*x*x/(2*i-2)/(2*i-1)，sn=sn+an，i=i+1。

S5：判断是否 i>k，如果是否，到 S4 继续递推，否则到 S6。

S6：打印输出 sn，系统函数 sinx。

参考代码

```
import math
n=eval(input("Input the number of items n:"))
```

```
x=eval(input("Input the number to culculate x:"))

an=x
sn=an

for i in range(2,n+1):
    an*=-x*x/(2*i-2)/(2*i-1)
    sn+=an

print("The value of sinx(x) is %.8f"%sn)
print("The value of system function sin(x) is %.8f"%math.sin(x))
```

小结：本题的核心算法是递推，关键是确定通项 an 与项次 n 的函数关系以及 an 与 a(n-1) 之间的递推关系，程序看似简单，但充分体现了计算机程序计算的特点，包含了连乘、累加和递推三种重要操作。

实践 7   无限循环的应用

无限循环又称为条件循环，即事先不确定循环的次数和重复的范围，但是给定了循环条件，即什么情况下循环，什么情况下停止循环。

实践题目 1   十进制转 r 进制

【问题描述】编写程序将十进制数转换成 r 进制数，其中 r 为大于 1 小于 10 的自然数。

【输入形式】

分两行输入两个数，十进制数、待转换进制 r。

【输出形式】

r 进制数。

【样例输入 1】

21

2

【样例输出 1】

10101

【样例输入 2】

21

8

【样例输出 2】

25

分析：十进制转换成其他进制，一种方法循环是整除取余，直到整数部分为零。

自然语言算法描述：

S1：申请空列表 lst 存放 r 进制数的各位。

S2：输入数 n 和待转换进制 r。

S3：取整 n//r、取余 n%r、存余数 rs 到列表 lst。

S4：判断，如果整数部分不为 0，到 S5，否则，到 S6。

S5：取余 m%r、取整 m//r、存余数 rs 到列表 lst，到 S4。

S6：列表 lst 逆序。

S7：将 lst 元素连接成字符串。

S8：输出结果。

参考代码：

```
n=int(input())
r=int(input())
lst=[]
m=n//r
rs=n%r
lst.append(str(rs))
while m!=0:
    rs=m%r
    m=m//r
    lst.append(str(rs))
lst.reverse()
lst="".join(lst)
print(lst)
```

小结：本题的核心算法是循环整除取余，关键是什么时候开始，什么时候结束，循环之前先做一次取整、取余、存余，这一步很重要，既为后续循环奠定基础，启动判断，也可以排除异常值，比如小于进制 r 的数，算一次就得出结果，不需要进入循环。需要注意的是：①循环中的取余、取整不能互换，可以认为是取余、为下一次取余做准备两个连续动作；②列表逆序没有返回值，直接在原列表操作；③列表到字符串的转换。

实践题目 2 猴子吃桃问题

【问题描述】猴子第一天摘下若干个桃子，当即吃了一半，还不过瘾，又多吃了一个。第二天早上又将剩下的桃子吃掉一半，又多吃了一个。以后每天早上都吃了前一天剩下的一半零一个。到第 10 天早上想再吃时，只剩下一个桃子了。求第一天共摘了多少个桃子。

分析：本题本质上是一个递推问题，题面是一个递推的过程，计算时可以从最后一天起回推到第一天即可，前一天的桃子是后一天桃子数量加 1 的 2 倍。

自然语言算法描述：

S1：申请两个内存变量 x0、x1，存放当天和前一天的桃子数。

S2：天数减一，从第 10 天开始计数 10 天。

S3：计算前一天 x1，更新当天 x0。

S4：判断，如果到了第 1 天，则到 S5，否则到 S2。

S5：打印输出 x0。

参考代码：

```
x0=1
day=10
while day>1:
    day-=1
    x1=2*(x0+1)
    x0=x1
print(x0)
```

小结：本题为一个简单的递推计算编程，但非常典型，是数值计算中常用的编程方法。

实践题目 3　迭代求解一元高次方程的根

【问题描述】已知函数，$f(x) = x\sin x - \dfrac{2}{3}$，编写程序用牛顿迭代法求其在 (0,3.14) 内满足精度的实数根。已经证明，函数在其中有两个实根，0.7 附近有一个，2.5 附近有一个。牛顿迭代法求解形如f(x) = 0的根，算法是选取一个接近函数零点的 x 值作为起始点，使用迭代公式$x_{n+1} = x_n - \dfrac{f(x_n)}{f'(x_n)}$更新近似解，如果得出的解满足误差要求，则终止迭代，所得的值即视为方程根的近似解。

【输入形式】

Please enter the precision:1e-2

【输出形式】

One root of the equation is 0.000000

Another root of the equation is 0.000000

分析：迭代计算前设定好初始值、精度和循环控制条件，递推公式的表达用 lambda 函数。

自然语言算法描述：

S1：用 lambda 函数表达 f(x) 及其导函数f'(x)。

S2：输入数值解的误差精度 eps。

S3：给定根的初始值，初始化误差值error=1。

S4：判断，如果 error>eps，到 S5，否则，到 S6。

S5：迭代计算 xn，计算误差 error=|xn-x(n-1)|，更新 x(n-1)，到 S4。

S6：输出数值解。

参考代码：

```python
import math

f =lambda x:x*math.sin(x)-3/2                    # 定义函数 f(x)
f_dif=lambda x:math.sin(x)+x*math.cos(x)         # 定义函数的导数

error = 1.0                                       #% 初始化误差变量
eps=float(input("Please enter the precision:"))  # 输入精度要求

x0 = 0.7                                          # 初始值
x1=2.5                                            # 初始值

while error > eps:
    x = x0 - f(x0)/f_dif(x0)                      # 更新 x 的值
    error = abs(x-x0)                             # 计算相对误差
    x0 = x                                        # 准备下一次计算

print("One root of equation is %.6f"%x0)

error = 1.0                                       #% 初始化误差变量
while error > eps:
    x = x1 - f(x1)/f_dif(x1)                      # 更新 x 的值
    error = abs(x-x1)                             # 计算误差
    x1 = x                                        # 准备下一次计算

print("Another root of equation is %.6f"%x1)
```

小结：本题的核心算法是牛顿迭代法，通过本题编程训练，读者可理解和掌握迭代计算的编程方法。迭代计算的基本动作为更新、计算相对误差和保存。在进行数值计算时充分利用好 lambda 函数，会使迭代计算式看起来非常简洁。

实践 8　循环控制的应用

在循环中设置条件可以中断循环的执行：一种情况是跳出循环，执行循环后边的语句（使用语句 break）；另一种情况是不执行循环内后边语句，开始下一循环（使用语句 continue）。灵活使用循环控制语句可解决很多特别的问题。使用循环控制语句时要与使用 if 选择结构语句做比较，以加深对循环控制语句功能和用法的理解。

实践题目 1　韩信点兵问题

【问题描述】韩信带 1500 名士兵打仗，战死四五百人，站 3 人一排，多出 2 人；站 5 人一排，多出 4 人；站 7 人一排，多出 3 人。韩信很快说出至少有多少士兵。请编写程序打印输出实际至少有多少士兵。

分析：本题的主要任务是在 [1000,1500] 内找一个对 3 取余得 2，对 5 取余得 4，对 7 整除余 3 的最小数，遍历该区间即可，只要找到符合条件的数就终止循环。

自然语言算法描述：

S1：用 s 遍历 [1000,1500]。

S2：判断，如果 s%3==2 and s%5==4 and s%7==3 为 True，则到 S3，否则，到 S1 继续遍历下一个数。

S3：打印输出 s，终止循环。

参考代码：

```
for s in range(1000,1500):
    if (s%3==2 and s%5==4 and s%7==3) == True:
        print(s)
        break
```

小结：本题如果不限定至少，1000 ～ 1500 之间会有多个满足条件的数（1004、1109、1214、1319、1424），不用 break，可以打印输出全部符合条件的数，题中给出战死四五百，即现有士兵最多 1100，所以，不用 break，遍历范围为 [1000,1100]。可见使用 break 控制循环，遍历范围可以有更大的适用性，解决问题更加简单高效。另外本题也可以用无限循环 while 表达，参考代码如下：

```
s=1000
while True:
    s+=1
    if (s%3==2 and s%5==4 and s%7==3) == True:
        print(s)
        break
```

实践题目 2　过滤敏感词

【问题描述】编写程序实现文本内容审查过滤，从键盘输入一段文字，如果其中包括"黄""赌""毒"则打叉输出，其他内容原样输出。

【输入形式】

一段文字。

【输出形式】

过滤敏感词后的该段文字。

【样例输入】

坚决清理互联网上涉黄、涉赌以及涉毒垃圾，净化网络空间

【样例输出】

坚决清理互联网上涉 × 、涉 × 以及涉 × 垃圾，净化网络空间

分析：对于一段文字，需要从第一个字开始，逐字扫描比对，这就构成一个字符串的遍历，分两种情况处理，一种是敏感字，另一种是正常字，循环中可用 continue 替换双分支结构。

自然语言算法描述：

S1：输入一段文字到 article。

S2：遍历文字。

S3：判断，如果有"黄""赌""毒"则打叉输出，到 S2 继续遍历下一字，否则，到 S4。

S4：打印输出该字，到 S2 继续遍历下一字。

参考代码：

```
article=input()
lable="×"
for word in article:
    if word==" 黄 " or word==" 赌 " or word==" 毒 ":
        print(lable,end=")
        continue
    print(word,end=")
```

小结：本题是典型的涉及字符串的遍历，循环控制可以用 continue 语句，也可以用 if...else... 双分支结构语句。通过本例，读者深刻理解 continue 的作用和用法。用双分支结构语句的参考代码如下：

```
article=input()
lable="×"
for word in article:
    if word==" 黄 " or word==" 赌 " or word==" 毒 ":
        print(lable,end=")
    else:
        print(word,end=")
```

实践 9 循环嵌套的应用

在解决多维问题时要用到循环嵌套，比如二维表格、二维图像、多重筛选、多重遍历等。

实践题目 1 3 位水仙花数

【问题描述】3 位水仙花数是指一个 3 位数，其各位数字的 3 次方的和等于该数本身。例如 ABC 是一个"3 位水仙花数"，则有：A 的 3 次方 +B 的 3 次方 +C 的 3 次方 =ABC。

请按照从小到大的顺序输出所有的 3 位水仙花数，请用一个"逗号 + 空格"输出结果。

【输入形式】

没有输入。

【输出形式】

直接输出。

【样例输入】

无

【样例输出】

123，321

【样例说明】

这里的样例输出的数字都不是水仙花数，只是用来说明输出的格式。

分析：此问题可用三重循环分别产生个十百位来构造 3 位数，注意百位数不为 0，判断 3 位的立方和是否等于其本身。将筛选出的 3 位数存入列表。然后按要求将列表元素连接成字符串输出。

自然语言算法描述：

S1：申请空列表存放 3 位水仙花数。

S2：遍历百位数 1 ～ 9。

S3：遍历十位数 0 ～ 9。

S4：遍历个位数 0 ～ 9。

S5：判断，如果是水仙花数，以字符形式加入空列表。

S6：到 S4 直到结束，到 S3 直到结束，到 S2 直到结束。

S7：按指定格式连接字符串并输出。

参考代码：

```
ls=[]
for A in range(1,10):
    for B in range(0,10):
        for C in range(0,10):
            if A*A*A+B*B*B+C*C*C==100*A+10*B+C:
                ls.append(str(100*A+10*B+C))
print(", ".join(ls))
```

此题还可以不用三重循环，只用一重循环，基本思路是遍历所有 3 位数，逐一判断是否满足水仙花数的条件，这里需要将 3 位数的个、十、百位都拆分出来，参考代码如下：

```
ls=[]
for ABC in range(100,1000):
    A=ABC//100
    B=(ABC%100)//10
    C=ABC%10
    if A*A*A+B*B*B+C*C*C==ABC:
        ls.append(str(ABC))
print(", ".join(ls))
```

拆分 3 位数也可以这样做：

```
A,B,C=map(int,str(ABC))
```

小结：此题的关键在于拆分 3 位数，连接字符串，不同的拆分方法导致了不同的循环结构，可以看出解决同样一个问题，看问题的角度不同，思路就不同，算法描述会有较大区别，程序编码的效率也会有所不同，实践中需从多角度考虑问题，不断设计和优化算法，以期编写出简洁高效的程序代码。

实践题目 2 求解 AB

【问题描述】输入 3 位数字 N，求 2 位数 AB（其中个位数字为 B，十位数字为 A，且有 $0 < A < B \leq 9$）。使得下列等式成立：AB×BA = N，其中 BA 是把 AB 中个、十位数字交换所得的两位数。要求：编写程序，接收控制台输入的三位整数 N，求解 A、B 并输出。如果没有解则输出"无解"。

【输入形式】

从键盘输入整数 N。

【输出形式】

输出只有一行，包含两个数字 A 和 B。输出时两个数字紧密输出，不使用其他字符进行分隔。

【样例输入】

976

【样例输出】

16

【样例说明】

输入整数 N=976。经计算得 16×61=976。可得 A=1，B=6。将两个字符依次输出。

分析：此问题的关键操作是从屏幕接收一个 3 位数，通过两重循环遍历构造 2 位数进行相乘，乘积与 3 位数比较，判断是解，按要求输出解结果，判断无解并输出相应提示。

自然语言算法描述：

S1：从键盘输入一个 3 位数 N。

S2：确定十位数 A 的遍历范围 1 ～ 8。

S3：确定个位数 B 的遍历范围 2 ～ 9。

S4：判断，如果用 A 和 B 构造的两位数的乘积与 N 相等则输出，计数器增 1。

S5：判断，如果 B 遍历结束，到 S2，继续下一个，否则到 S3 继续下一个。

S6：判断，如果 A 遍历结束，到 S7，否则到 S2，继续下一个。

S7：判断，如果计数器为 0，输出"无解"的结论。

参考代码：

```python
n=int(input())
c=0
for a in range(1,9):
    for b in range(a+1,10):
        if (10*a+b)*(10*b+a)==n:
            print("%d%d\n" %(a,b))
            c+=1
if c==0:
    print(" 无解 \n")
```

实践 10　程序异常处理

程序在运行过程中由于使用者、硬件故障、软件不足以及操作对象等因素使程序不能按照预设的方向执行，及时捕获发生在程序中的异常状况并及时解决，而不使程序跳飞不能使用称为异常处理。异常处理可以提高程序的健壮性、适用性和可用性，也会使程序更加人性化，增强用户体验。

捕捉异常可以使用 try...except... 语句。通常将可能发生错误的语句放在 try 语句块中，如果这些语句在执行中发生预想错误，则让 except 语句来捕获相关异常信息并处理，如果没有错误发生还可以加 else 子句。如果有 finally 子句，不论有无异常发生和处理都要执行 finally 子句的语句块，具体用哪些子句，要根据所处理的问题而定。

实践题目 1　键盘输入合法性检验

【问题描述】编程实现，用户从键盘不断地输入整数值 x，程序判断输入是否合法，如果输入的不是整数或者非数字，提醒输入格式有误。如果合法，判断这个数是奇数还是偶数，并打印输出结论。直到用户输入 END 结束程序。

【输入形式】

13

3.14

END

【输出形式】

ODD

ERROR

无输出，结束程序

【样例说明】

输入是奇数，输出 ODD，输入是偶数，输出 EVEN，输入是其他非法格式，输出 ERROR，直到输入 END 为止结束，否则一直需要输入数据。

分析：此问题如果不设错误处理，输入非数字字符串时程序会中断，并报错。可用一个无限循环，分三步：如果输入 END，用 break 结束；用 try 捕获错误输入，except 处理；输入正常则进行判断，给出结论。

自然语言算法描述：

S1：给出无限循环的框架。

S2：从键盘接收输入。

S3：结束判断，break 跳出循环。

S4：错误处理，continue 到 S1 继续循环。

S5：正常处理，到 S1 继续循环。

参考代码：

```
while True:
    receive=input()
    if receive=="END":
        break
```

```
try:
    receive=int(receive)
except:
    print("ERROR")
    continue
if receive%2==0:
    print("EVEN")
else:
    print("ODD")
```

实践 11   格式化打印输出问题

综合运用顺序结构、选择结构和循环结构描述物质运动规律，解决各种问题。通过几种常见问题的编程训练，读者可加深对三种控制结构使用方法的理解和掌握。

打印各种图案是日常工作中经常碰到的问题，灵活运用程序控制结构和各种内部函数可绘制出非常实用的图案。

实践题目 1   打印由"*"组成的实心等腰梯形

【问题描述】编程实现，打印由"*"组成的等腰梯形，要求分两行分别输入梯形上底"*"数和行数，输出图形。

【输入形式】

5

5

【输出形式】

```
    *****
   *******
  *********
 ***********
*************
```

分析：打印图案，关键问题是梳理清楚，每一行欲打印元素的个数与行数的函数关系，函数关系清楚了，其他问题则迎刃而解，本题的函数关系梳理见表4-2。

表 4-2   函数关系梳理

行数 i(总行数 h, 上底星数 v)	空白数 blank(i,h,v)	星数 star(i,h,v)
1	4 h-1	5 v+0
2	3 h-2	7 v+2
3	2 h-3	9 v+4
4	2 h-4	11 v+6
5	0 h-5	13 v+8
i	h-i	v+2*(i-1)

参考代码：

```
h=int(input())        # 输入行数
v=int(input())        # 输入上底星数
```

```
blank=" "
star="*"
for i in range(1,h+1):
    print(blank*(h-i),star*(v+2*(i-1)))
```

实践题目 2　打印由数字组成的实心等腰直角三角形

【问题描述】编程实现,打印由数字组成的等腰直角三角形,要求输入最小数和最大数,输出由两数之间的数字组成的等腰直角三角形图形,数字之间用空格“ ”隔开。

【输入形式】分两行输入

9

12

【输出形式】

9

9　10

9　10　11

9　10　11　12

分析:打印等腰直角三角形图案,关键问题是确定边长,以控制内外两重循环的边界,这样行在边长范围内遍历,列在每一行行数范围内遍历,打印所需数字即可。

参考代码:

```
minn=int(input())       # 输入最小数
maxn=int(input())       # 输入最大数
length=maxn-minn+1

blank=" "
for i in range(minn,minn+length):
    for j in range(minn,i+1):
        print(j,blank,end="")
    print()
```

小结:本类问题重点在确定边长,循环边界,二重循环中换行打印处理。

实践题目 3　打印由字母组成的实心等腰直角三角形

【问题描述】编程实现,打印由大写英文字母组成的等腰直角三角形,要求输入第一个字母和最后一个字母,输出由两字母之间的字母组成的等腰直角三角形图形,字母之间用空格“ ”隔开。

【输入形式】分两行输入

a

f

【输出形式】

A

A　B

A　B　C

A　B　C　D

A　B　C　D　E

A　B　C　D　E　F

分析：打印由字母组成的等腰直角三角形图案，与数字图案做法相似，可参考实践题目 1 进行编程，另外需要注意的是确定边界是要将输入的字母统一用 upper() 方法转成大写，然后用 ord() 函数转成数字，打印时再将数字转成字母即可。

参考代码：

```
mina=input()          #输入第一个字母
maxa=input()          #输入最后一个字母

mina=ord(mina.upper())
maxa=ord(maxa.upper())

length=maxa-mina+1

blank=" "
for i in range(mina,mina+length):
    for j in range(mina,i+1):
        print(chr(j),blank,end="")
    print()
```

小结：与题目 1 相似，本类问题重点在确定边长，循环边界，二重循环中换行打印处理。同时需要注意其本身的特点，输入的字母统一转大写，计算时转数字，打印时再转字母的几个动作。

实践 12 组合数据类型的综合应用

实践题目 1 制作一个英文生词本并查词

【问题描述】制作一个英文生词本,实现功能,输入英文生词,输出词的中文译文。要求：先输入多个英文单词及其译文制作生词本，接着输入英文单词，输出该单词的译文。

【输入形式】

第一行是整数 n，表示欲输入 n 组英文单词及其译文建立生词本。

接下来输入的 n 行是英文单词和译文，中间用空格隔开。

接下来输入的一行是一个欲查询译文的英文单词。

【输出形式】

输出最后输入的英文单词的译文。如果没有检索到该单词，输出"没找到"。

【样例输入】

3
program 程序
design 设计
practice 实践

design

【样例输出】

设计

分析:根据问题描述，需求分两部分，首先要制作一个生词本，按要求一组一组输入，

其次是实现按给定生词查找其译文的功能，比较适合的数据结构就是字典，按照给定组数
循环接收输入，然后生词作为字典的键，译文作为字典的值，存入字典，查询就变成字典
按键查值的操作。

自然语言算法描述：

S1：申请空字典变量。

S2：输入生词本的组数 num。

S3：按组数输入生词及译文。

S4：判断是否结束，如果否，到 S3 继续，如果是，到 S5。

S5：输入待查询的生词。

S6：判断生词本里是否存在该生词，如果存在，打印输出对应译文，结束，否则到 S7。

S7：打印输出提示信息。

流程图如图 4-4 所示。

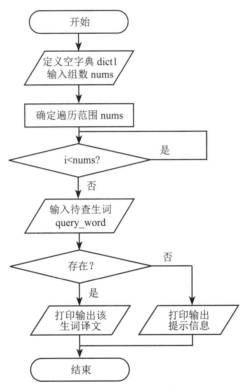

图 4-4　制作生词本流程图

参考代码：

```
dict1 = {}                    # 申请字典内存变量

nums = int(input())           # 输入生词本单词个数
for i in range(nums):         # 循环输入生词及译文
    word, explain = input().split()  # 申请内存分别存储生词及译文
    dict1[word] = explain     # 将生词及译文存入字典

query_word = input()          # 申请内存接收待查询生词
if query_word in dict1:       # 判断如果生词在生词本中
    print(dict1[query_word])  # 打印输出该生词译文
else:                         # 判断如果生词不在生词本中
    print(" 没找到 ")          # 打印输出提示文字
```

程序运行结果如下：

```
3
red 红色
blue 蓝色
white 白色
red
红色
```

程序中如果能加入提示信息，会更加人性化，人机交互更加自然，实用性会更强，以下为带提示信息的参考代码：

```
nums = int(input(" 请输入单词及译文组数："))
dict1 = {}
for i in range(nums):
    print(" 已输入 "+str(i)+" 个单词，请输入：")
    word, explain = input().split()
    dict1[word] = explain
else:
    print(" 已全部输入 "+str(nums)+" 个单词。")
query_word = input(" 请输入要查的单词：")
if query_word in dict1:
    print(query_word+" 的意思是 "+"+dict1[query_word]+")
else:
    print(" 没找到 ")
```

程序运行结果如下：

```
请输入单词及译文组数：3
已输入 0 个单词，请输入：
red 红色
已输入 1 个单词，请输入：
blue 蓝色
已输入 2 个单词，请输入：
yellow 黄色
已全部输入 3 个单词。
请输入要查的单词：yellow
yellow 的意思是黄色
```

实践 13   常用排序与查询算法编程

实践题目 1   用冒泡法对列表进行排序

【问题描述】编写程序对给定的一列数据用冒泡算法进行升序排序，将排序结果输出。
【输入形式】
从键盘输入一列数据，用 "," 隔开。
【输出形式】
排序后的列表。
【样例输入】
13,45,2,9,31

【样例输出】

2,9,13,31,45

分析：冒泡排序（升序为例）的基本原理是对给定一列数从第一个数开始两两比较大的数向后置换，经过一轮比较置换，最后一个为冒出的最大值，不动，对剩下的数采用同样的方法，将次最大数冒到倒数第二，不动，以此类推，每次从剩下的数中冒出最大数到最后，直到该列数全部排序完成。

假设共有 n 个元素，列表索引号为 0 ～ n-1，分析过程排列见表 4-3。

表 4-3　分析过程排列

第 i 轮比较	从哪里开始	到哪里结束	大数冒到哪里
1	0	n-2	n-1
2	0	n-3	n-2
3	0	n-4	n-3
…	…	…	…
n-1	0	0	1
i	0	n-i-1	n-i

自然语言算法描述：

S1：从键盘输入一列用逗号隔开的数据，将其存入列表。

S2：遍历比较轮序 1 ～ n-1。

S3：遍历比较次序 0 ～ n-i-1。

S4：两两比，较大者向后置换。

S5：判断，如果本轮比较完成，到 S2，继续下一轮，否则，到 S4 继续。

S6：判断，如果所有轮完成，到 S7，否则到 S2，继续下一轮。

S7：打印输出排序后的结果字符串。

参考代码：

```
lst=list(map(int,input().split(',')))
n=len(lst)
for i in range(1,n):                    # 遍历比较轮数 1 ～ n-1
    for j in range(0,n-i):              # 遍历比较次数 n-i-1
        if lst[j]>lst[j+1]:            # 比较
            lst[j],lst[j+1]=lst[j+1],lst[j]   # 将相邻较大数换到后边，一直换到 lst[n-i]

print(','.join(list(map(str,lst))))
```

实践题目 2　用选择法对列表进行排序

【问题描述】编写程序对给定的一列数据用选择算法进行升序排序，将排序结果输出。

【输入形式】

从键盘输入一列数据，用 "," 隔开。

【输出形式】

排序后的列表。

【样例输入】

13,45,2,9,31

【样例输出】

2,9,13,31,45

分析：选择法排序（升序为例）的基本原理是对给定一列数选最小，与第一个元素交换，第一个最小不动，然后从剩下的元素选最小，与第二个元素交换，第二个次小不动，以此类推，每次从剩下的数中选最小，直到该列数全部排序完成。

假设共有 n 个元素，列表索引为 0 ～ n-1，分析过程排列见表 4-4。

表 4-4　分析过程排列

第 i 轮比较	从哪开始	到哪结束	最小值换到哪
1	0	n-1	0
2	1	n-1	1
3	2	n-1	2
...	...	...	...
n-1	n-2	n-1	n-2
i	i-1	n-1	i-1

自然语言算法描述：

S1：从键盘输入一列用逗号隔开的数据，将其存入列表。

S2：遍历比较轮序 1 ～ n-1。

S3：遍历比较次序 i-1 ～ n-1。

S4：从本轮中，选出最大值与第 i-1 个数互换位置。

S5：判断，如果本轮选择完成，到 S2，继续下一轮，否则，到 S4 继续。

S6：判断，如果所有轮完成，到 S7，否则到 S2，继续下一轮。

S7：打印输出排序后的结果字符串。

参考代码：

```
lst=list(map(int,input().split(',')))
n=len(lst)
for i in range(1,n):
    imax=i-1
    for j in range(i-1,n):
        if lst[j]<lst[imax]:
            imax=j
    lst[imax],lst[i-1]=lst[i-1],lst[imax]
print(",".join(map(str,lst)))
```

实践题目 3　用插入法对列表进行排序

【问题描述】编写程序，对给定的一列数据用插入算法进行升序排序，将排序结果输出。

【输入形式】

从键盘输入一列数据，用 "," 隔开。

【输出形式】

排序后的列表。

【样例输入】

13,45,2,9,31

【样例输出】

2,9,13,31,45

分析：插入法排序（升序为例）的基本原理是对给定一列数从第二个数开始先拿出来，与前边的数比较，如比前边的数小，则依次向后移动，直到比前一数大，则插入该数后，对剩下的数采用同样的方法，直到最后一个数为止，排序完成。

自然语言算法描述：

S1：从键盘输入一列用逗号隔开的数据，将其存入列表。

S2：提取第 i 个元素 lst[i] 暂存 tmp 中，i ∈ [1,n-1]。

S3：tmp 依次与第 i-1 个元素及前边元素比较，比较范围为 [0,i-1]。

S4：判断，如果小于前边的元素，则前边元素后移一位，到 S3 继续遍历，否则将 tmp 放入该元素后一位，i=i+1，到 S2 继续提取下一个元素。

S5：判断，如果遍历所有元素完成，到 S6，否则，到 S2 继续提取下一个元素。

S6：打印输出排序后的结果字符串。

参考代码：

```
lst=list(map(int,input().split(',')))
n=len(lst)
for i in range(1,n):
    temp=lst[i]                    # 取第 i 个元素
    k=i-1                          # 从 i-1 开始，比较
    while k>=0 and temp<lst[k]:    # 到 0 结束，比前小
        lst[k+1]=lst[k]            # 后移
        k-=1                       # 依次向前比较
    lst[k+1]=temp                  # 放到合适位置
print(','.join(map(str,lst)))
```

实践题目 4　用顺序查找法在列表中查找给定数据

【问题描述】已知一个数据列表，给定一个数据，编写程序用顺序查找法在列表中进行查找，如果存在该数据，输出其在列表中索引位置，有多个匹配，用空格" "隔开，如果不存在，输出结论字符串"无此数据"。

【输入形式】

分两行，一行输入数据列表，一行输入待查数据。

【输出形式】

存在该数据，输出索引，否则输出结论字符串。

【样例输入】

13,45,2,9,31

9

【样例输出】

3

分析：顺序查找法是从第 1 个元素开始依次取出列表中元素，与待查数据比对，同时记录索引号，判断查询元素是否在列表中，就是遍历列表的过程。是否在列表中可以用成员运算 in 得到。

自然语言算法描述：

S1：从键盘输入一列用逗号隔开的数据，将其存入列表。

S2：从键盘输入待查询的数据。

S3：初始化索引标记。

S4：判断，如果待查数据在列表中，到 S5，否则到 S8。

S5：遍历列表元素，索引标记增 1。

S6：判断，如果与待查询数据相等，则输出索引号。

S7：判断，如果遍历完成，则结束，否则到 S5，取下一个元素。

S8：打印输出结论字符串。

参考代码：

```
st=list(map(int,input().split(',')))
s=int(input())

index=-1
if (s in lst)==True:
    for i in lst:
        index+=1
        if i==s:
            print(index,end=' ')
else:
    print(" 无此数据 ")
```

小结：本题用到了列表的特性，一个是列表的成员运算，另一个是列表成员的遍历。如果题目不指定顺序查找方法，读者还可以思考如何结合列表的 index() 方法、切片和 count() 方法解决此问题。

本章小结

通过几个实践从算术运算、逻辑运算、字符运算和比较运算等几个方面理解顺序程序设计的基本结构，熟练掌握人机交互的基本步骤，输入、计算和输出；熟练运用 if 语句表达选择判断逻辑，理解用 Python 语言描述事物发展条件性的规律；熟练运用 for 语句和 while 语句表达重复操作的逻辑，理解用 Python 语言描述事物发展波浪式前进、螺旋式上升的新陈代谢规律；熟练运用 pass、break、continue 等关键词表达更加丰富、复杂的运动变化逻辑；熟练运用 try 等结构处理特殊情况和突发变化，以提高程序的健壮性和实用性；熟悉 Python 表达常用算法如格式化输出、查找、排序等的流程和方法。

第 5 章　Python 函数与模块

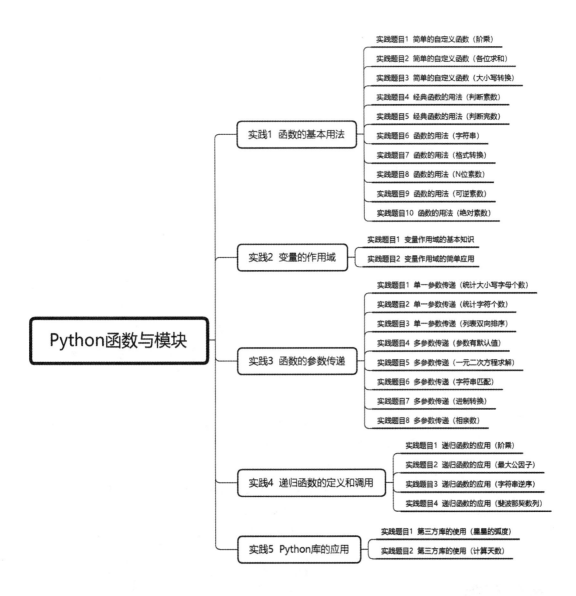

实践1 函数的基本用法
- 实践题目1 简单的自定义函数（阶乘）
- 实践题目2 简单的自定义函数（各位求和）
- 实践题目3 简单的自定义函数（大小写转换）
- 实践题目4 经典函数的用法（判断素数）
- 实践题目5 经典函数的用法（判断完数）
- 实践题目6 函数的用法（字符串）
- 实践题目7 函数的用法（格式转换）
- 实践题目8 函数的用法（N位素数）
- 实践题目9 函数的用法（可逆素数）
- 实践题目10 函数的用法（绝对素数）

实践2 变量的作用域
- 实践题目1 变量作用域的基本知识
- 实践题目2 变量作用域的简单应用

实践3 函数的参数传递
- 实践题目1 单一参数传递（统计大小写字母个数）
- 实践题目2 单一参数传递（统计字符个数）
- 实践题目3 单一参数传递（列表双向排序）
- 实践题目4 多参数传递（参数有默认值）
- 实践题目5 多参数传递（一元二次方程求解）
- 实践题目6 多参数传递（字符串匹配）
- 实践题目7 多参数传递（进制转换）
- 实践题目8 多参数传递（相亲数）

实践4 递归函数的定义和调用
- 实践题目1 递归函数的应用（阶乘）
- 实践题目2 递归函数的应用（最大公因子）
- 实践题目3 递归函数的应用（字符串逆序）
- 实践题目4 递归函数的应用（斐波那契数列）

实践5 Python库的应用
- 实践题目1 第三方库的使用（星星的弧度）
- 实践题目2 第三方库的使用（计算天数）

Python函数与模块

实践导读

　　本章主要从函数及模块的用法入手，通过实践题目详细介绍了 Python 函数的定义和调用、函数的参数传递、变量的作用域、Python 的标准库、Python 的第三方库以及典型库的应用。通过实践练习，读者可加深对理论知识的理解，达到融会贯通的目的。

　　本章的主要知识点如下：

- 函数（Function）是将具有独立功能的代码块组织成一个整体，使其具有特殊功能的代码集。使用函数有利于提高代码的复用程度。

- 自定义函数是以 def 为关键字创建的一个新函数。在创建自定义函数时，函数体的内容不可能为空，如果要表示空语句，可以用 pass 语句。
- 函数名是用户自定义的函数名称；形参值为可省略项，指的是自定义函数中参数列表中各形参的值。调用自定义函数时，传入参数的个数、类型以及顺序要与被调函数的参数列表中的定义保持一致。
- Python 中，一般根据实际参数的类型不同分为值传递和地址（引用）传递两种方式。值传递适用于实参类型为不可变类型（字符串、数字、元组）。地址（引用）传递适用于实参类型为可变类型（列表、字典）。
- 位置参数（必备参数）：主调函数需要以准确的参数数量、位置将实参传递给被调函数。即主调函数中实参的数量、位置必须与被调函数中形参的数量、位置保持一致。
- 关键字参数：关键字参数是指使用形式参数的名字来确定输入的参数值。通过关键字参数指定函数实参时，只需要将参数名写对即可，无须与形参的位置完全相同，从而使函数的传递更加灵活。
- 默认参数：函数调用时，如果个别参数的值没有被传入被调函数，则使用默认值。
- 不定长参数：如果需要一个函数能处理比当初声明时更多的参数，这些参数叫作不定长参数，在声明时不会命名。
- 作用域就是变量的有效范围。在 Python 程序中创建、改变、查找变量名时都是在一个保存变量名的空间中进行的，我们称之为命名空间或作用域。变量的作用域由变量的定义位置决定，在不同位置定义的变量，它的作用域是不一样的。
- 局部变量是指在函数体内被定义的变量。当函数被执行时会创建一个新的局部作用域，即分配一块临时的内存空间。在该函数执行完毕后，会释放并回收已分配的临时内存空间。
- 全局变量是指 Python 在所有函数的外部定义的变量。全局变量既可以在函数体外使用，又可以在函数体内使用，它的默认作用域是整个程序。在模块顶部声明的变量是全局变量，作用域是全局，其作用范围仅限于单个模块文件内。
- 模块是包含 Python 函数或类的程序。模块分为系统模块和用户自定义模块，一个模块可以包含多个函数。把多个相关的函数或代码块放入一个文件，就组成了模块。模块间可以相互调用，实现代码复用，但需要注意的是模块中函数名称必须唯一。

实践目的

- 掌握函数的基本用法。
- 熟悉变量的作用域。
- 熟练掌握函数的参数传递。
- 掌握递归函数的定义和调用。
- 掌握 Python 的标准库和第三方库。
- 熟练使用典型库。

实践 1 函数的基本用法

实践题目 1 编写函数 fac(n)，实现求 n 的阶乘

【问题描述】分析题目要求，从键盘输入一个正整数 n，编写自定义函数 fac(n)，输出 n 的阶乘。

【输入形式】

从键盘输入正整数 n。

【输出形式】

在屏幕上输出计算结果。

【样例输入】

5

【样例输出】

120

【样例说明】

5 的阶乘为：5! = 120。

参考代码：

```
def fac(n):
    sum=1
    for i in range(1,n+1):
        sum*=i
    return sum


n = int(input(" 请输入一个正整数 "))
print(fac(n))              # 调用自定义函数，并输出阶乘
```

程序运行结果如下：

```
请输入一个正整数 5
120
```

小结：本题比较简单，体现了自定义函数的基本用法。

实践题目 2 编写函数 sum(x),实现求整数 x 的各位数字之和

【问题描述】分析题目要求，可以从键盘输入一个非负整数，然后调用自定义的 sum() 函数计算各位数字之和并输出结果。

【输入形式】

输入一个正整数。

【输出形式】

输出该整数各位数字之和。

【样例输入】

【样例输出】

13

【样例说明】

输入整数 58，其各位数字之和为：5+8 = 13。

参考代码：

```
def sum(x):
    l= list(x)
    sum=0
    for i in l:
        sum += int(i)
    return sum


n = input(" 请输入一个正整数 ")
print(sum(n))   # 调用自定义函数，并输出各位数字和
```

程序运行结果如下：

```
请输入一个正整数 35
8
```

小结：本题为自定义函数的简单应用，但是结合了前面章节学习的列表的使用、循环结构。自定义函数的熟练使用是程序设计的基本功，编程人员需要结合前面所学知识，反复调试，灵活运用。

实践题目 3　编写自定义函数 upper()，实现把传入的字符串全部转换成大写字母

【问题描述】编写字符串 upper() 方法，实现对传入的字符串返回一个所有字母全大写的字符串。格式如下：

def upper(s):

　＜函数体＞

return ＜全大写的字符串＞

【输入形式】

从键盘输入字符串。

【输出形式】

输入的字符串中的英文字母全部大写。

【样例输入】

Hello, 123, World!

【样例输出】

HELLO, 123, WORLD!

【样例说明】

输入的字符串中的英文字母全部大写。

自然语言算法描述：

S1：输入字符串 s。

S2：取 s 中的每个字母 ch，若 ch 是大写字母，将 ch 直接添加到输出变量 result。

S3：若 ch 是小写字母，将 ch 的 ASCII 码减 32，得到对应的大写字母 ASCII 码，再

转成字母字符。

S4：如果是字符串尾，则结束程序，输出 result；否则，转到 S2。

流程图如图 5-1 所示。

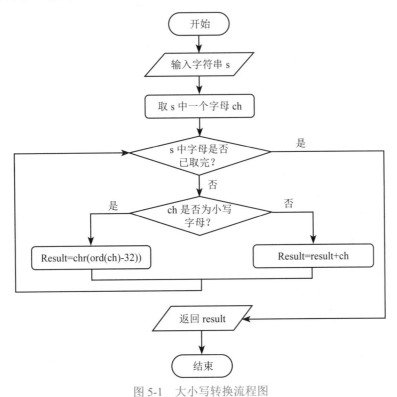

图 5-1 大小写转换流程图

参考代码：

```
def upper(s):
    result = ''
    for ch in s:
        if ch>="a" and ch<="z":
            result += chr(ord(ch)-ord('a')+ord('A'))
        else:
            result += ch
    return result

s = input()  # 输入字符串
print(upper(s))
```

程序运行结果如下：

```
Hello, 123, World!
HELLO, 123, WORLD!
```

实践题目 4 编写一个函数 isprime(n)，判断整数 n 是否为素数

【问题描述】分析题目要求，从键盘输入一个整数，然后调用 isprime(n) 函数进行判断，当为素数时，输出 1，否则，输出 0。判断素数的方法很多，列出常用的几种。

第一种，用 2 到 n-1 去除该数 n，都无法被它整除，就证明该数字是素数。

第二种，用 2 到 n/2 去除该数 n，都无法被它整除，就证明该数字是素数。

第三种，用 2 到 $\sqrt{n}$ 去除该数 n，都无法被它整除，就证明该数字是素数。

本题以第三种方法为例。

【输入形式】

从键盘输入一个整数。

【输出形式】

在屏幕上输出判断结果 0（不是素数）或者 1（是素数）。

【样例输入】

45

【样例输出】

0

【样例说明】

45 非素数，故输出为 0。

自然语言算法描述：

S1：输入数字 n。

S2：令 i=2。

S3：如果 i<$\sqrt{n}$，用 i 去除 n。

S4：如果余数为零，则跳出循环，输出 n 不是素数；如果余数不为零，i=i+1，转到 S3。

S5：如果 i>$\sqrt{n}$，输出 n 是素数。

流程图如图 5-2 所示。

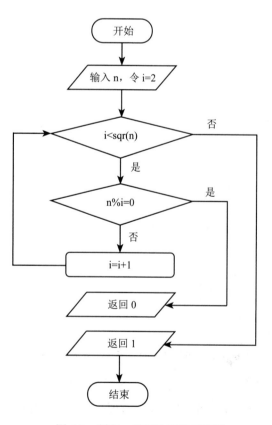

图 5-2　判断 n 是否为素数流程图

参考代码：

```
import math
def isprime(n):
    i = 0
    if n == 1:
        return 0
    for i in range( 2, int(math.sqrt(n))):
        if n % i == 0:
            return 0
    return 1

x=int(input())
if isprime(x):
    print('1')
else:
    print('0')
```

程序运行结果如下：

```
17
1
```

小结：本题为本章的典型题，关于求素数的算法需要重点掌握。

实践题目 5　编写函数 pefectnum(i)，输出自然数 i 内的所有完数

【问题描述】编写函数，判断一个自然数是否为完数。完数是一些特殊的自然数，如果一个整数的所有因子（包括 1，但不包括本身）之和与该数相等，则称这个数为完数。例如：6=1+2+3，所以 6 是一个完数。利用编写的函数，输入自然数 m，输出 m 内的完数。

【输入形式】
输入一个自然数。

【输出形式】
输出该自然数内的所有完数。

【样例输入】
100

【样例输出】
6
28

自然语言算法描述：

S1：输入数字 i。

S2：令 s=i，j=1。

S3：如果 j<i，用 j 去除 i，如果余数为零，则 j 是因子，从 s 中减去 j。

S4：如果余数不为零，则 j 不是因子，j=j+1，转到 S3。

S5：如果 s 为 0，输出 s 是完数。

流程图如图 5-3 所示。

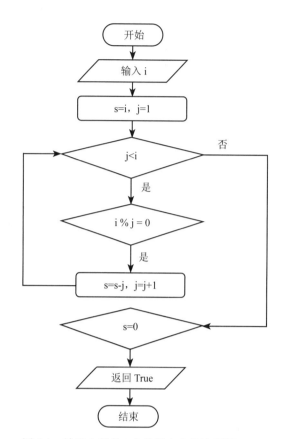

图 5-3 输出自然数 i 内的所有完数流程图

参考代码：

```
def pefectnum(i):
    s=i
    for j in range(1, i):
        if i % j == 0:          # 找到因子
            s-=j                # 从 s 中减去因子
        if s==0:                # 符合完数条件
            return True

m=int(input())                  # 输入一个自然数
for i in range(2,m):
    if pefectnum(i):            # 输出该自然数内的所有完数
        print(i)
```

程序运行结果如下：

```
100
6
28
```

小结：本题为本章的典型题，关于完数的算法需要重点掌握。

实践题目 6   编写函数判断元音单词。编写函数 isVowelWorld(word) 确定一个单词 word 是否是元音单词，并使用该函数对用户输入的单词进行判断

【问题描述】元音单词是包含了所有元音字母 a、e、i、o、u 的单词，比如：sequoia、facetious、dialogue，编写函数 isVowelWorld(word)，对用户输入的单词进行判断，如果是

元音单词，则返回 True，否则返回 False。

【输入形式】

从键盘输入单词。

【输出形式】

判断结果。

【样例输入】

dialogue

【样例输出】

True

参考代码：

```
def isVowelWorld(word):
    word = word.upper()          # 转成大写字母
    for vowel in 'AEIOU':
        if vowel not in word:
            return False
    return True


word=input()                     # 输入单词
if isVowelWorld(word):
    print(True)
else:
    print(False)
```

程序运行结果如下：

```
sequoia
True
```

实践题目 7　编写一个函数 tansISBN(ISBN)，实现 ISBN 书号转换

【问题描述】编写一个函数 tansISBN(ISBN)，把从键盘输入的 10 位 ISBN 书号（字符串类型）转换为 13 位 ISBN 书号（字符串类型），并返回结果。

转换方法如下：

在原十位 ISBN 书号的前面加上 978。最后加一位检验码，取值范围为 0 ~ 9，由前 12 位通过以下方式算出：

从左至右 12 位数字，奇数位数字乘以 1，偶数位数字乘以 3，再将乘积相加，对 10 求余，最后求 10 与余数的差。若差值为 0 ~ 9，则检验码为对应数字；若差值为 10，则检验码为 0。

【输入形式】

从键盘输入 10 个数字，无间隔。

【输出形式】

输出 13 位 ISBN 书号，用"-"间隔，形式如 ×××-×-×××-××××××-×。

【样例输入】

7302410585

【样例输出】

978-7-302-41058-4

参考代码：

```
def tansISBN(ISBN):
    isbn = '978'+''.join(ISBN[:-1])
    result = sum(map(lambda i:int(i[0])*int(i[1]), zip(isbn, '131313131313')))%10
    if 10-result == 10:
        checksum = 0
    else:
        checksum =10-result
    return '-'.join((isbn[:3], isbn[3], isbn[4:7], isbn[7:], str(checksum)))   # 用 "-" 连接
isbn = input()  # 输入 10 位 ISBN 书号，数字间无间隔
print(tansISBN(isbn))
```

程序运行结果如下：

```
7302410585
978-7-302-41058-2
```

实践题目 8　N 位素数

【问题描述】给定一个整数 N（2 ≤ N ≤ 8），生成所有的具有下列特性的特殊的 N 位素数，即其前任意位都是素数。例如，7331 即是这样一个 4 位的素数，因为 7、73 和 733 也都是素数。

【输入形式】

输入一个整数 N（2 ≤ N ≤ 8）。

【输出形式】

输出有若干行，每行有一个整数，该整数有 N 位，而且其前任意位都是素数。并且：

（1）要求输出所有符合题目的素数。

（2）从小到大按顺序输出，且所有输出的数字不得重复。

【样例输入】

2

【样例输出】

23

29

31

37

71

73

79

【样例说明】

输出 2 位的素数，而且其前的任何一个数也是素数。

参考代码：

```
import math
def is_prime(n):   # 判断素数
    if n == 1:
        return False
    flag = True
```

```
        for i in range(2, int(math.sqrt(n))+1):
            if n % i == 0:
                flag = False
                break
        return flag


n = int(input())
l = int(math.pow(10, n-1))
h = int(math.pow(10, n))
for i in range(l, h):
    num = str(i)
    prime = True
    for j in range(1, len(num)+1):
        s = num[:j]
        flag = is_prime(int(s))
        if not flag:
            prime = False
            break
    if flag:
        print(i)
```

程序运行结果如下：

```
2
23
29
31
37
53
59
71
73
79
```

小结：本题为本章的典型题，求素数的算法有很多种，但需要至少重点掌握一种。

实践题目 9 判断可逆素数

【问题描述】若将某一素数的各位数字的顺序颠倒后得到的数仍是素数，则此素数称为可逆素数。编写一个判断某数是否是可逆素数的函数，在主函数中输入一个整数，再调用此函数进行判断。

程序解析：分析题目要求，首先编写判断素数的函数 primenum(b)，然后编写求逆的函数 reverse(a)，在主函数中输入一个整数，再调用该可逆函数进行判断，如果为可逆素数，则输出 yes，否则输出 no。

【输入形式】

用户在第一行输入一个整数。

【输出形式】

程序输出 yes 或是 no。yes 表示此数是可逆素数，no 表示不是。用户输入的数必须为正整数。注意：yes 或是 no 全是小写输出。

【样例输入】

23

【样例输出】

no

【样例说明】

用户输入 23，23 各位数字颠倒之后得到 32，23 是素数，但 32 不是素数，所以 23 不是可逆素数。

参考代码：

```
def primenum(b):        # 自定义判断是否为素数的函数
  i = 0
  if b == 1:
    return
  if b == 2:
    return 1
  for i in range(2,b):   #用 2 到 b-1 的数去除 b
    if (b%i) == 0:
      return 0
  return 1

def reverse(a):         # 自定义数字求逆的函数
  s=[1]*100             #定义一个较大长度的列表
  m=0
  i=0
  while(a!=0):
    if a/10 != 0:
      s[i] = a % 10
    else:
      s[i]=a
    m = m * 10 + s[i]
    a = a // 10
    i = i+1
  return m

m=int(input())
n=reverse(m)
if primenum(m)==1 and primenum(n)==1:
  print("yes")
else:
  print("no")
```

程序运行结果如下：

17

yes

小结：本题在求素数的基础上进行了变形，加入了数字求逆，提高了题目的难度。但是万变不离其宗，掌握素数的算法是根本。

实践题目 10 判断绝对素数

【问题描述】所谓绝对素数是指具有如下性质的素数：一个素数，当它的各位数字逆序排列时，形成的整数仍为素数，这样的数称为绝对素数。例如，11、79、389 是素数，其各位数字对换位置后分别为 11、97、983，仍为素数，因此这三个素数均为绝对素数。编写函数 absolute(x)，判断一个整数是否为绝对素数，如果 x 是绝对素数则返回 1，否则返回 0。编写程序 absolute.py，接收输入的两个整数 a、b。调用 absolute() 函数输出所有 a 到 b 之间（包括 a 和 b）的绝对素数。

【输入形式】

输入两个整数 a 和 b，以空格分隔。

【输出形式】

输出有若干行，每行有一个 a 和 b 之间的绝对整数。各行上的数字不重复，且从小至大依次按序输出。

【样例输入】

80 120

【样例输出】

97

101

107

113

【样例说明】

输入整数 a=80，b=120，要求输出所有 [80, 120] 之间的绝对素数。有 97、101、107、113，按升序分行输出。

参考代码：

```python
import math
def isprime(n):  # 判断素数
    i = 0
    if n == 1:
        return 0
    for i in range( 2, n// 2+1):
        if n % i == 0:
            return 0
    return 1
def absolute(x):  # 判断绝对素数
    r = 0
    s = 0
    if not isprime(x):
        return 0
    while True:
        r = x % 10
        s = s*10 + r
        x //= 10
        if x == 0:
            break
    if not isprime(s):
        return 0
    return 1
```

```
a, b = map(int,input().split())
i = 0
for i in range(a,b+1):
  if (absolute(i)):
    print("%d"%i)
```

程序运行结果如下：

```
80 120
97
101
107
113
```

小结：本题在求素数的基础上进行了变形，加入了绝对素数的函数，较大提高了题目的难度，编程人员需要在理解的基础上，重点掌握。

实践 2　变量的作用域

实践题目 1　变量作用域的基本知识

1. 可以使用内置函数 _____ 查看包含当前作用域内所有局部变量和值的字典。

2. 可以使用内置函数 _____ 查看包含当前作用域内所有全局变量和值的字典。

3. 关于局部变量和全局变量，以下选项中描述错误的是（　　　）。

　A. 函数运算结束后，局部变量不会被释放

　B. 局部变量为组合数据类型且未创建，等同于全局变量

　C. 局部变量是函数内部的占位符，与全局变量可能重名但不同

　D. 局部变量和全局变量是不同的变量，但可以使用 global 保留字在函数内部使用全局变量

4. 关于 Python 的全局变量和局部变量，以下选项中描述错误的是（　　　）。

　A. 简单数据类型变量无论是否与全局变量重名，仅在函数内部创建和使用，函数退出后变量被释放

　B. 全局变量指在函数之外定义的变量，一般没有缩进，在程序执行全过程有效

　C. 使用 global 保留字声明简单数据类型变量后，该变量作为全局变量使用

　D. 局部变量指在函数内部使用的变量，当函数退出时，变量依然存在，下次函数调用可以继续使用

5. 关于函数局部变量和全局变量的使用规则，以下选项中描述错误的是（　　　）。

　A. 可以通过 global 保留字在函数内部声明全局变量

　B. return 不可以传递任意多个函数局部变量返回值

　C. 对于组合数据类型的变量，如果局部变量未真实创建，则是全局变量

　D. 对于基本数据类型的变量，无论是否重名，局部变量与全局变量不同

6. 在 Python 中，关于全局变量和局部变量，以下选项中描述不正确的是（　　　）。

　A. 全局变量一般没有缩进

　B. 全局变量不能和局部变量重名

　　C．全局变量在程序执行的全过程有效

　　D．一个程序中的变量包含两类：局部变量和全局变量

实践题目 2　变量作用域的简单应用

7．下面程序的输出结果是 _____。

```
n=30
def add(n):
  n=10
  n+=1
  return n
print(add(n),n)
```

8．给出如下代码：

```
ls = ["car","truck"]
def funC(a):
  ls.append(a)
  return
funC("bus")
print(ls)
```

以下选项中描述错误的是（　　）。

　　A．执行代码输出结果为 ['car', 'truck']

　　B．funC(a) 中的 a 为非可选参数

　　C．ls.append(a) 代码中的 ls 是列表类型

　　D．ls.append(a) 代码中的 ls 是全局变量

【参考答案】

1．locals()

2．globals()

3．A

4．D

5．B

6．B

7．11 30

8．A

实践 3　函数的参数传递

实践题目 1　统计大小写字母个数

【问题描述】编写函数，接收字符串参数，返回一个元组，该元组中第一个元素为大写字母个数，第二个元素为小写字母个数。

【输入形式】

　含有大写字母和小写字母的字符串。

【输出形式】

大写字母和小写字母的个数。

【样例输入】

TheSong

【样例输出】

大写字母个数为 2，小写字母个数为 5

参考代码：

```
def tongji(s):
    result = [0,0]
    for ch in s:
        if ch.islower():
            result[1] += 1
        elif ch.isupper():
            result[0] += 1
    return tuple(result)
s = input()
print(" 大写字母个数为 %d，小写字母个数为 %d"%(tongji(s)[0],tongji(s)[1]))
```

程序运行结果如下：

```
TheSong
大写字母个数为 2，小写字母个数为 5
```

实践题目 2　统计字符个数

【问题描述】输入一段包含多个任意字符的字符串，编写一段程序，判断该字符串中数字、字母、空格和其他字符的个数。要求使用函数，实现判断数字、字母、空格和其他字符的功能。

【输入形式】

输入任意字符串。

【输出形式】

输出该字符串中含有的数字、字母、空格和其他字符的个数。

【样例输入】

abcd1 2 3/

【样例输出】

(3,4,2,1)

参考代码：

```
def lei(m):
    is_digit= 0
    is_alpha= 0
    is_space= 0
    other= 0
    for i in m:
        if i.isdigit():
            is_digit+=1
        elif i.isalpha():
            is_alpha+=1
```

```
        elif i.isspace():
            is_space+=1
        else:
            other+=1
    return  is_digit,is_alpha,is_space,other


s = input()
print(lei(s))  #print() 打印输出结果
```

程序运行结果如下：

```
python! 123
(3, 6, 1, 1)
```

小结：在各种程序设计语言中都有统计字符个数的题目，因此，本题是本章的典型题，需重点掌握。

实践题目 3　列表元素的双向排序

【问题描述】编写函数，接收 7 个数，其中前 6 个数为任意整数，第 7 个数为 0 ~ 6 之间（包含 0 和 6）的整数。

函数需求：

（1）将列表下标 k 之前的所有元素（不包含下标为 k 的元素）逆序排列。

（2）将下标 k 及之后的元素（包含 k 值）降序排列。

（3）如果 k 小于 0 或者大于 6，则输出错误提示，内容为：error key。

【输入形式】

一次输入。先依次输入 6 个任意整数，最后输入整数 k，整数之间以逗号分隔。

【输出形式】

排序后的 6 个数，数之间以逗号分隔；或是错误提示 error key。提示：可以字符形式输出。

【样例输入 1】

23,4,12,65,22,78,3

【样例输出 1】

12,4,23,78,65,22,3

【样例输入 2】

23,4,12,65,22,78,9

【样例输出 2】

error key

参考代码：

```
def  rank2(a):                    # 定义逆序及降序函数 rank2
    if a[-1] < 0 or a[-1] > 6:    # 如果 k 值小于 0 或大于 6，则返回 error key
        return 'error key'
    k = a[-1]                     # 为整型变量 k 赋值为列表 a 的最后一个值
    qian = a[:k]
    qianni = list(qian[::-1])     # 创建列表变量 qianni，赋值为 qian 的逆序列表
    hou = a[k:]
    houjiang = sorted(hou,reverse = True)
```

```
        newa = qianni + houjiang
        stra = list(map(str,newa))
        b = ','.join(stra)
        return b
a = eval(input())
print(rank2(a))
```

程序运行结果如下：

23,4,12,65,22,78,3
12,4,23,78,65,22,3

实践题目 4　编写函数 weekpay(wage,hours)，计算每周收入。工作时间少于 40 小时，收入为小时数 * 小时薪水；工作时间大于 40 小时，则超过 40 小时的部分按 150% 的薪水计酬。工作时间 hours 默认值取 40 小时

【问题描述】编写一个函数 weekpay()，具有两个形参，按先后顺序为：时薪 wage 和工作时间 hours，根据题目要求计算每周收入，并返回该收入值。

【输入形式】

输入两个数，以 "," 间隔。

【输出形式】

保留 2 位小数。

【样例输入 1】

50,60

【样例输出 1】

3500.00

【样例输入 2】

50,30

【样例输出 2】

1500.00

【样例说明】

用户输入 50、60 时，工作时间 hours>40，收入为 50*40+50*1.5*(60-40)=3500。用户输入 50、30 时，工作时间 hours<40，收入为 50*30=1500。

参考代码：

```
def weekpay(wage,hours=40):  #hours 默认值 40
    if hours<=40:
        amount = wage*hours
    else:
        amount = wage*40 + 1.5*wage*(hours-40)
    return amount
x = input()
if x.find(',')==-1:
    print('{:.2f}'.format(weekpay(float(x))))
else:
    print('{:.2f}'.format(weekpay(*eval(x))))
```

程序运行结果如下：

```
50,60
3500.00
```

实践题目 5　编写一个求根函数 getRoot(a,b,c)

【问题描述】编写求根函数：对一元二次方程 $ax^2 + bx + c = 0$ 的三个系数 a、b、c（假设 a 不为零），如果方程有实根，计算并返回方程的根 $x_1 = \dfrac{-b \pm \sqrt{b^2 - 4ac}}{2a}$，$x_2 = \dfrac{-b \pm \sqrt{b^2 - 4ac}}{2a}$ 的元组；如果方程没有根，即判别式 $b^2 - 4ac < 0$，则返回 None。

【样例输入】

1, 2, 1

【样例输出】

x1=-1.00,x2=-1.00

【样例说明】

分别输入 a、b、c 的值，用逗号间隔。分别输出两个实根，其中大的根在前，小的根在后，两者之间使用一个逗号间隔，没有空格；如果没有实根，显示 None。

参考代码：

```
from math import sqrt
def getRoot(a,b,c):
    delta = b**2-4*a*c
    if delta < 0:
        return None
    x1 = (-b+sqrt(delta))/2/a
    x2 = (-b-sqrt(delta))/2/a
return (x1,x2)

a,b,c = eval(input())
res = getRoot(a,b,c)
if res:
    x1, x2 = res
    print('x1=%.2f,x2=%.2f'%(x1, x2))
else:
print('None')
```

程序运行结果如下：

```
1,2,1
x1=-1.00,x2=-1.00
```

实践题目 6　DNA 匹配。编写函数 find(srcString,substring,start,end) 实现在 srcString 串的下标 start 到下标 end 之间的片段中寻找 subString 串第一次出现的位置

【问题描述】编写与字符串对象的 find() 方法功能相似的函数 find(srcString,substring,

start,end)，作用是在 srcString 串的下标 start 到下标 end 之间的片段中寻找 subString 串第一次出现的位置，返回该位置值；如果没找到，返回 -1。

程序解析：分析题目要求，首先输入原字符串 srcString，要查找的子串 substring，查找的开始位置 start，查找的结束位置 end。

【输入形式】

按照 srcString、substring、start、end 的顺序输入，各成分之间由空格隔开。srcString、substring 均由 A/T/C/G 四个字母组成。start 和 end 为正整数。

【输出形式】

当匹配成功时，输出子串在 DNA 字符串的位置，即子串第一个字母在 DNA 字符串中匹配位置的下标；当匹配失败时，输出 -1。

【样例输入 1】

ATCGGCGCGGCGT CGG 0 10

【样例输出 1】

2

【样例输入 2】

ATGGCTGATGGC TTT 0 11

【样例输出 2】

-1

【样例说明】

下标从 0 开始计数。

参考代码：

```python
def find(srcString,substring,start,end):
    i=0
    j=start
    while j<=end+1-len(substring):
        while i<len(substring) and j<=end:
            if substring[i]==srcString[j]:
                i=i+1
                j=j+1
            else:
                i=0
                j=j+1
            break
        if i==len(substring):
            return (j-i)
        else:
            return -1

line = input()  # 输入原字符串、要查找的子串、开始和结束位置，以空格间隔
mother_str, sub_str, start, end = line.split()
start = int(start)
end = int(end)
print(find(mother_str, sub_str, start, end))
```

程序运行结果如下：

```
ATGGCTGATGGC TTT 0 11
-1
```

小结：本题主要考查多个参数的传递。本题在变量输入时，涉及一次输入 4 个字符串并赋值给对应变量，这种方法较常用，编程人员需要灵活掌握。

实践题目 7 整数的 N 进制字符串表示

【问题描述】编写函数 itob(n,b)，用于把整数 n 转换成以 b 为基底的字符串并返回。

编写程序，使用函数 itob(n,b) 将输入的整数 n 转换成字符串 s，将 s 输出。转换后的字符串从最高的非零位开始输出。如果 n 为负数，则输出的字符串的第一个字符为 "-"。b 为大于 1 小于 37 的任意自然数。当 b=2 时，输出字符只可能是 "0" 和 "1"；当 b=16 时，输出字符串中可能含有的字符为 0 ～ 9，a ～ f（字母以小写输出）。b 为 18 时，数码是 0 ～ 9，a ～ h，其中 a 代表 10，g 代表 16，h 代表 17。又比如，输入 n=33，b=17，则输出 33 的 17 进制值为 1g。

【输入形式】

输入整数 n 和 b，其中 n 可以为负数。n 和 b 以空格分隔。

【输出形式】

输出转换后的字符串 s。

【样例输入】

5 2

【样例输出】

101

【样例说明】

5 的二进制就是 101。

参考代码：

```python
dict_num_chr = {}
for i in range(10):
    dict_num_chr[i] = str(i)
for i in range(10, 38):
    dict_num_chr[i] = chr(i + ord('a'))
def decimal2M(k, M):
    k_M = ''
    while k > 0:
        tail_bit = k % M
        k = k // M
        k_M = dict_num_chr[tail_bit] + k_M
    return k_M

n, b = input().split()
n = int(n)
b = int(b)
if n < 0:
    result = '-'
    n = -n
```

```
    else:
        result = ''
result += decimal2M(n, b)
print(result)
```

程序运行结果如下：

```
100 2
1100100
```

实践题目 8　相亲数

【问题描述】2500 年前数学大师毕达哥拉斯就发现，220 和 284 两数之间存在着奇妙的联系：220 的因数之和（除了自身之外的因数）为 1+2+4+5+10+11+20+22+44+55+110=284，284 的因数之和为 1+2+4+71+142=220。

毕达哥拉斯把这样的数对称为相亲数。输入两个正整数（大于 1），分别计算它们所有因数之和（除了自身之外的因数），并判断它们是否是一对相亲数。

【输入形式】

输入两个正整数，以一个空格分隔这两个正整数。

【输出形式】

以输入的先后顺序分行输出：输入的正整数，后跟英文逗号，再从 1 开始输出其因数相加的公式，最后输出等号和因数之和。注意：所有输出元素间无空格。

若它们是一对相亲数，则在新的一行上输出 1；若不是则在新的一行上输出 0。

【样例输入 1】

220 284

【样例输出 1】

220,1+2+4+5+10+11+20+22+44+55+110=284
284,1+2+4+71+142=220
1

【样例输入 2】

2560 3282

【样例输出 2】

2560,1+2+4+5+8+10+16+20+32+40+64+80+128+160+256+320+512+640+1280=3578
3282,1+2+3+6+547+1094+1641=3294
0

【样例说明】

样例 1 中输入的两个正整数为 220 和 284，220 的因数之和为 284，284 的因数之和为 220，所以它们是一对相亲数，最后输出 1；样例 2 中输入的两个正整数是 2560 和 3282，2560 的因数之和为 3578，3282 的因数之和为 3294，所以它们不是一对相亲数，最后输出 0。

参考代码：

```
import math
def equal(a,b):
    return not all([a-b])
line=input()  # 输入两个数，以空格间隔
```

```
a,b=line.split(' ')
a=int(a)
b=int(b)
rangea=int(math.sqrt(a))
rangeb=int(math.sqrt(b))
factor1=[[0] for i in range(rangea)]    #定义空列表，用于保存 a 的因子
factor2=[[0] for i in range(rangeb)]    #定义空列表，用于保存 b 的因子
num1=0
num2=0
for i in range(2,rangea):
    if(equal(a%i,0)):
        factor1[num1]=i
        num1=num1+1
        factor1[num1]=int(a/i)
        num1=num1+1
if(equal(rangea*rangea,a)):
    factor1[num1]=rangea
    num1=num1+1
factor1[num1]=1
num1=num1+1

for p in range(num1):
    for q in range(num1-1):
        if(factor1[q]>factor1[q+1]):
            temp=factor1[q]
            factor1[q]=factor1[q+1]
            factor1[q+1]=temp

for i in range(2,rangeb+1):
    if(equal(b%i,0)):
        factor2[num2]=i
        num2=num2+1
        factor2[num2]=int(b/i)
        num2=num2+1
if(equal(rangeb*rangeb,b)):
    factor2[num2]=rangeb
    num2=num2+1
factor2[num2]=1
num2=num2+1

for p in range(num2):
    for q in range(num2-1):
        if(factor2[q]>factor2[q+1]):
            temp=factor2[q]
            factor2[q]=factor2[q+1]
            factor2[q+1]=temp

result1=0
result2=0
```

```
for i in range(num1):
    result1=result1+factor1[i]
for i in range(num2):
    result2=result2+factor2[i]

mark=0
if((equal(a,result2))and(equal(b,result1))):
    mark=1
# 按格式输出结果
print(a,end=',')
for i in range(num1-1):
    print(factor1[i],end='+')
print(factor1[num1-1],end='=')
print(result1)

print(b,end=',')
for i in range(num2-1):
    print(factor2[i],end='+')
print(factor2[num2-1],end='=')
print(result2)

if(equal(mark,1)):
    print("1")
else:
    print("0")
```

程序运行结果如下：

```
220 284
220,1+2+4+5+10+11+20+22+44+55+110=284
284,1+2+4+71+142=220
1
```

小结：本题有一定难度，属于拓展题目。

实践 4 递归函数的定义和调用

实践题目 1 递归法求 n 的阶乘

【问题描述】编写函数 fac(n)，用递归法求出 n 的阶乘（$1 \leqslant n \leqslant 10$）。

程序解析：前面讲解了编写自定义函数求阶乘，本题采用递归的方式。从键盘输入整数 n，然后调用该函数并输出结果。

【输入形式】

从键盘输入整数 n（$1 \leqslant n \leqslant 10$）。

【输出形式】

在屏幕上输出计算结果。

【样例输入】

5

【样例输出】

120

【样例说明】

5 的阶乘为：5! = 120。

参考代码：

```
def fac(n):
    if n == 1:
        return 1
    else:
        return n*fac(n-1)

n = int(input())
print(fac(n))
```

程序运行结果如下：

```
5
120
```

实践题目 2　用递归的方法求最大公因子

【问题描述】用递归方法编写求最大公因子的程序。

程序解析：根据求最大公因子的方法，两个正整数 x 和 y 的最大公因子定义为：

（1）如果 y ≤ x 且 x mod y = 0，gcd(x,y)=y。

（2）如果 y>x，gcd(x,y)=gcd(y,x)。

（3）其他情况，gcd(x,y)=gcd(y,x mod y)。

【输入形式】

输入两个数字，数字之间用空格分隔。

【输出形式】

输出前面输入的两个数字的最大公因子。

【样例输入】

36 24

【样例输出】

12

【样例说明】

用户输入 36、24，程序输出它们的最大公因子 12。

自然语言算法描述：

S1：用辗转相除法求两个正整数 a 和 b 的最大公因子。

S2：输入两个数 a 和 b，令 a>b。

S3：r 为 a ÷ b 的余数（0 ≤ r ＜ b），若 r = 0，算法结束，b 即为最大公因子。

S4：若 r 不等于 0，置 a=b，b=r，并返回 S2。

流程图如图 5-4 所示。

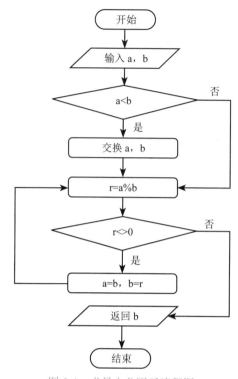

图 5-4　求最大公因子流程图

参考代码：

```
def gcd(x, y):
    if y <= x and x % y == 0:
        return y
    elif y>x:
        return gcd(y, x)
    else:
        return gcd(y, x%y)
x, y = map(int,input().split())
print(gcd(x,y))
```

程序运行结果如下：

```
36 24
12
```

小结：本题为本章中的典型题，求最大公因子为常用算法，需要重点掌握。

实践题目 3　用递归函数调用实现字符串逆序

【问题描述】字符串的逆序方法很多，主要有：直接使用字符串切片功能逆转字符串；将字符串转换为列表，使用 reverse() 函数；新建一个列表，从后往前添加元素；递归实现等。本题用递归函数实现字符串的逆序输出。

【输入形式】

输入一个字符串。

【输出形式】

输出这个字符串的逆序列。

【样例输入】

asdfg

【样例输出】

gfdsa

参考代码：

```
def reverse(s):
    if s == "":
        return s
    else:
        return reverse(s[1:]) + s[0]
print(reverse(input()))
```

程序运行结果如下：

```
TheSong
gnoSehT
```

实践题目 4 用递归法求斐波那契数列的前 n 项值

【问题描述】斐波那契数列（Fibonacci sequence），又称黄金分割数列，因数学家莱昂纳多·斐波那契（Leonardo Fibonacci）以兔子繁殖为例子而引入，故又称为"兔子数列"，指的是这样一个数列：1，1，2，3，5，8，13，21，34，…。在数学上，斐波那契数列以如下递推的方法定义：$F(0)=0$，$F(1)=1$，$F(n)=F(n-1)+F(n-2)$（$n \geq 2$，$n \in N^*$）。

【输入形式】

输入一个数字。

【输出形式】

输出斐波那契数列的前 n 项。

【样例输入】

7

【样例输出】

1 1 2 3 5 8 13

参考代码：

```
def fibo(n):
    if n <= 1:
        return n
    else:
        return(fibo(n-1) + fibo(n-2))
n= int(input())          #输入预打印的项数
print(" 斐波那契数列的前 %d 项为："%n)
for i in range(1,n+1):
print(fibo(i),end=" ")
```

程序运行结果如下：

```
7
斐波那契数列的前 7 项为：
1 1 2 3 5 8 13
```

实践 5 Python 库的应用

实践题目 1 编写函数 getSubtend(star1,star2)，计算来自星星的弧度

【问题描述】给定两颗星星的赤经和赤纬的角度 (a1, d1) 和 (a2, d2)，它们所对弧的角

度计算公式为：$2\arcsin(\sqrt{\sin^2(\frac{d}{2})\cos(d_1)+\cos(d_2)\sin^2(\frac{a}{2})})$。

赤经 a1 和 a2 是 -180°～180° 之间的角，a=a2-a1；赤纬 d1 和 d2 是 -90°～90° 之间的角，d=d2-d1。请编写一个函数，接收两颗星星赤经和赤纬的角度作为参数，计算并返回这两颗星星所对弧的角度（结果保留小数点后 4 位）。

【输入形式】

分别输入两颗星星各自的赤经、赤纬。

【输出形式】

输出两颗星星所对弧度角度（弧度值），显示到小数点后 4 位。

【样例输入】

-120, 30

90, 60

【样例输出】

1.5128

参考代码：

```
from math import sin, cos, asin, radians, sqrt
def getSubtend(star1, star2):
    a1,d1 = star1
    a2,d2 = star2
    a = radians(a2-a1)   #radians() 方法将角度转换为弧度
    d = radians(d2-d1)
    d1 = radians(d1)
    d2 = radians(d2)
return 2*asin(sqrt(sin(d/2)**2+cos(d1)*cos(d2)*sin(a/2)**2))

star1 = eval(input())
star2 = eval(input())
a1,d1= star1
a2,d2= star2
m1 = (a1,d1)
m2=(a2,d2)
print("%.4f"%getSubtend(m1, m2))   # 输出结果保留 4 位小数
```

程序运行结果如下：

```
-120,30
90,60
1.5128
```

实践题目 2　编写一个函数 computeday(y,m,d)，计算当前日期距离出生日期的天数

【问题描述】计算日期天数，就会用到 Python 的第三方库 datetime。通过 now() 获得当前日期，通过 date() 函数把输入的年月日信息转化为日期型，然后计算两个日期型变量的差，就得到了当前日期距离出生日期的天数。

【输入形式】

输入三个数字，用空格间隔。

【输出形式】

天数

【样例输入 1】

2001 12 1

【样例输出 1】

当前日期和出生日期分别是：

2022-01-19

2001-12-01

7354 days, 0:00:00

【样例输入 2】

1998 1 20

【样例输出 2】

当前日期和出生日期分别是：

2022-01-19

1998-01-20

8765 days, 0:00:00

参考代码：

```
from datetime import date        # 第三方库 datatime
def computeday(y,m,d):           # 计算距离出生日的天数
    now=date.today()            # 取当前时间
    print("当前日期和出生日期分别是：")
    print(now)
    birthday=date(y,m,d)    # 转化为日期型数据
    print(birthday)
    age=now-birthday
    return(age)

y,m,d=input().split(" ")        # 输入年月日，以空格间隔
result=computeday(int(y),int(m),int(d))
print(result)
```

程序运行结果如下：

```
2002 10 1
当前日期和出生日期分别是：
2022-02-15
2002-10-01
7077 days, 0:00:00
```

本章小结

　　通过函数的基本用法、变量的作用域、函数的参数传递、递归函数的定义和调用、Python 库的应用五个实践练习，了解变量的作用域，掌握第三方库的使用，熟练掌握函数的基本用法、函数的参数传递、递归函数的应用，巩固对理论知识的理解，达到灵活运用、融会贯通的目的。

第6章 Python 面向对象编程

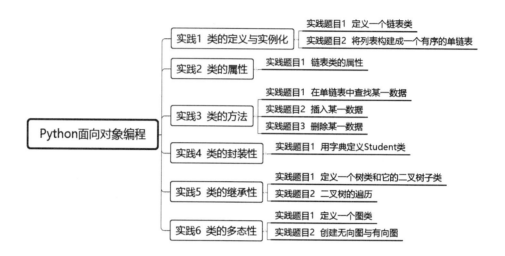

实践导读

类是人类对现实世界各种事物认识的抽象和总结。人类通过认真观察现实世界的事物，抓住特点，总结规律，利用计算机思维，将其编码转化成计算机世界的类。

本章的主要知识点如下：

- 类与对象：任何一个实际存在的事物都可以称为对象。具有相同属性和行为的对象称为同一类对象。Python 使用关键字 class 定义一个类。抽象的类必须实例化才能使用其定义的功能。

- 类的属性：类的数据成员是在类中定义的成员变量，用来存储描述类的特征的值，称为属性。属性可以被该类中定义的方法访问，也可以通过类或类的实例进行访问。根据位置，类中的属性可以分为类属性和实例属性。根据访问限制的不同，类中的属性分为公有属性、私有属性和受保护属性。

- 类的方法：方法是定义在类内部的函数。与一般函数定义不同，类方法必须包含对象本身的参数 self，且为第一个参数。类的方法主要有三种类型：实例方法、类方法和静态方法。

- 面向对象的三大特性：继承性、封装性和多态性。

实践目的

- 理解类和对象的定义，实例化过程。
- 掌握类属性、实例属性、私有属性和公有属性。
- 掌握实例方法、类方法、静态方法、私有方法和公有方法。
- 掌握继承性、封装性和多态性的概念和使用形式。

实践 1　类的定义与实例化

在现实世界中任何一个实际存在的事物都可以称为对象。具有相同属性和行为的对象称为同一类对象。因此，类是对同一种对象的集合与抽象。在使用类时，需要先定义类，然后再创建类的实例，通过类的实例可以访问类中的属性和方法。

步骤一：定义类。

Python 定义一个类使用关键字 class 声明，类的声明格式如下：

```
class 类名：
    类体
```

步骤二：创建对象。

抽象的类必须实例化才能使用其定义的功能，即创建类的对象。如果把类的定义视为数据结构的类型定义，那么实例化就是创建了一个这种类型的变量。

对象的创建（定义）语法格式如下：

```
对象名 = 类名 ( 实参数 )
```

实践题目 1　定义一个链表类

采用链式存储方式存储的线性表称为链表。链表的每一个节点不仅包含元素本身的信息，即数据域，而且包含元素之间逻辑关系的信息，即逻辑上相邻节点地址的指针域。节点结构如图 6-1。

图 6-1　节点结构

【问题描述】单链表是指节点中只包含一个指针域的链表，指针域中存储着指向后继节点的指针。单链表的头指针是线性表的起始地址，是线性表中第一个数据元素的存储地址，可作为单链表的唯一标识。单链表的尾节点没有后继节点，所以其指针域值为 None。

1. 节点类描述

```python
class Node(object):
    def __init__(self,data=None,next=None):
        self.data=data
        self.next=next
```

2. 单链表类描述

```python
class LinkList(Ilist):
    def __init__(self):
        self.head=Node()          # 构造函数初始化头节点
    def create(self,order):
        if order:
            self.create_tail(l)
        else:
            self.create_head(l)
    def create_tail(self,l):      # 尾插法，将新节点插入到单链表的表尾
```

```
        for item in l:
            self.insert(self.length(),item)
    def create_head(self,l):            # 头插法，将新节点插入到单链表的表头
        for item in l:
            self.insert(0,item)
    def clear(self):
        ''' 将线性表置成空表 '''
        self.head.data=None
        self.head.next=None
    def isEmpty(self):
        ''' 判断线性表是否为空表 '''
        return self.head.next==None
    def length(self):
        ''' 返回线性表的长度 '''
        p=self.head.next
        length=0
        while p is not None:
            p=p.next
            length+=1
        return length
    def get(self,i):
        ''' 读取并返回线性表中的第 i 个数据元素 '''
        pass
    def insert(self,i,x):
        ''' 插入 x 作为第 i 个元素 '''
        pass
    def remove(self,i):
        ''' 删除第 i 个元素 '''
        pass
    def indexOf(self,x):
        ''' 返回元素 x 首次出现的位序号 '''
        pass
    def display(self):
        ''' 输出线性表中各个数据元素的值 '''
        p=self.head.next
        while p is not None:
            print(p.data,end='')
            p=p.next
```

实践题目 2　（实例化）将列表构建成一个有序的单链表

【问题描述】自动生成一个有序的单链表，并显示出来。

【输入形式】

程序自动生成字符单链表。

【输出形式】

一组有序的字符串。

【样例输入】

无

【样例输出】

a b c d e f g h i j

【样例说明】

设置列表变量 data，ll 为 LinkList 类实例，用 create() 方法创建单链表。单链表如图 6-2 所示。

图 6-2　有序单链表

参考代码：

```
data=['a','b','c','d','e','f','g','h','i','j']
ll=LinkList()
ll.create(data,True)
ll.display()
```

程序运行结果如下：

a b c d e f g h i j

小结：本题主要是创建链表 LinkList 类和它的实例化对象 ll。其中 LinkList 类包括构造函数初始化头节点、创建头 / 尾节点、置空、求线性表长度、查找 / 删除第 i 个元素、显示各个元素等方法。这些都是构成单链表的基本操作，是后续编程的基础，编程人员需要反复修改调试，提高编程能力。

实践 2　类的属性

类的数据成员是在类中定义的成员变量，用来存储描述类的特征的值，称为属性。根据位置，类中的属性可以分为类属性和实例属性。根据访问限制的不同，类中的属性分为公有属性、私有属性和受保护属性。

本节重点介绍类属性和实例属性。

定义在类内，并且在各函数成员之外的属性称为类属性。类属性属于整个类，是在所有实例之间可以共享的数据。通过类名或对象名访问。

```
类变量名 = 初始值              # 初始化类属性
类名 . 类变量名 = 值           # 修改类属性的值
类名 . 类变量名                # 读取类属性的值
```

注意：类属性的读写访问都是通过"类名."来实现的。

在类内的函数 / 方法中定义的属性称为实例属性，作用范围为当前实例。

在类内，每个函数 / 方法都有自己的属性，各有自己的存储区域，各函数 / 方法的同名属性独立存在，互不影响。

通过"self."进行属性名定义并赋初值。实例属性在类的内部通过"self."访问，在外部通过对象实例访问。

实例属性初始化：

（1）通常在 __init__() 函数中利用"self."对实例属性进行初始化，格式如下：

```
self. 实例属性名 = 初始值
```

在其他实例函数中如果想访问赋值，格式如下：

```
self. 实例属性名 = 值
```

（2）利用对象名访问，格式如下：

```
对象名 . 实例属性名 = 值         # 写入
对象名 . 实例属性名            # 读取
```

实践题目 1　链表类的属性（即解读上一节中的代码中哪些是类属性、哪些是实例属性）

1. 节点类描述

```
class Node(object):
    def __init__(self,data=None,next=None):
        self.data=data            # 设置实例属性 data
        self.next=next            # 设置实例属性 next
```

在节点 Node 类中，data 和 next 都是在 __init__() 函数中利用 "self." 对实例属性进行初始化的，所以都是实例属性。

2. 单链表类描述

```
class LinkList():
    def __init__(self):
        self.head=Node()          # 构造函数初始化头节点，head 为实例属性
    def create(self,order):
        if order:
            self.create_tail(l)
        else:
            self.create_head(l)
    def create_tail(self,l):      # 尾插法，将新节点插入到单链表的表尾
        for item in l:
            self.insert(self.length(),item)
    def create_head(self,l):      # 头插法，将新节点插入到单链表的表头
        for item in l:
            self.insert(0,item)
    def clear(self):
        ''' 将线性表置成空表 '''
        self.head.data=None
        self.head.next=None
    def isEmpty(self):
        ''' 判断线性表是否为空表 '''
        return self.head.next==None
    def length(self):
        ''' 返回线性表的长度 '''
        p=self.head.next
        length=0
        while p is not None:
            p=p.next
            length+=1
        return length
    def get(self,i):
        ''' 读取并返回线性表中的第 i 个数据元素 '''
        pass
    def insert(self,i,x):
        ''' 插入 x 作为第 i 个元素 '''
        pass
    def remove(self,i):
        ''' 删除第 i 个元素 '''
        pass
    def indexOf(self,x):
        ''' 返回元素 x 首次出现的位序号 '''
        pass
    def display(self):
        ''' 输出线性表中各个数据元素的值 '''
```

```
    p=self.head.next
    while p is not None:
      print(p.data,end='')
      p=p.next
```

分析：在单链表 LinkList() 类中，head 是在 __init__() 函数中利用 "self." 对实例属性进行初始化的，所以是实例属性。

在这两段代码中，均没有类属性。

在此，请读者思考代码里的 p 是什么属性。

实践 3　类的方法

类的方法主要有三种类型：实例方法、类方法和静态方法。不同的方法有不同的定义和调用形式，具有不同的访问限制。

直接定义的方法都是实例方法。实例方法是在类中最常定义的成员方法，它至少有一个参数并且必须以实例对象作为其第一个参数，一般以 self 作为第一个参数。在类外，实例方法只能通过实例对象去调用。实例方法的定义格式如下：

```
def 方法名 (self,([ 形参列表 ]):
    方法体
```

实例方法通过实例对象调用，语法格式如下：

```
对象名 . 方法名 ([ 实参列表 ])
```

类方法需要用修饰器"@classmethod"来进行标识。类方法的第一个参数必须是类对象，一般以 cls 表示。

静态方法需要通过修饰器 "@staticmethod" 来进行修饰。

实践题目 1　在单链表中查找某一数据

单链表的基本操作有在单链表中查找某个元素、插入某个数据、删除某个节点等。在实践 1 的 "实践题目 1 定义一个单链表类" 中，定义了几个方法，例如，create()、create_tail()、create_head()、clear()、isEmpty()、length()、get()、insert()、remove()、indexOf()、display() 等都属于实例方法。

方法一：

【问题描述】输入数字 i，返回长度为 n 的单链表中第 i 个节点的数据域的值，其中 $0 \leqslant i \leqslant n-1$。如果没有，则输出 "第 i 个数据元素不存在"。

【输入形式】

从键盘输入整数 i。

【输出形式】

输出只有一行，例如字符 a。

【样例输入】

5

【样例输出】

e

【样例说明】

输入整数 i=5。经代码运行，查到数据元素为字符 e，将其输出。

分析：此问题的关键操作是从屏幕接收一个数，由于单链表的存储空间不连续，因此必须从头节点开始沿着后继节点一直进行查找。

自然语言算法描述：

S1：从键盘输入一个数 i。

S2：设置变量 p，指向单链表的首节点。

S3：从首节点开始向后查找，直到 p 指向第 i 个节点或者 p 为 None。

S4：如果 i 不合法，则输出"数据不存在"。

流程图如图 6-3 所示。

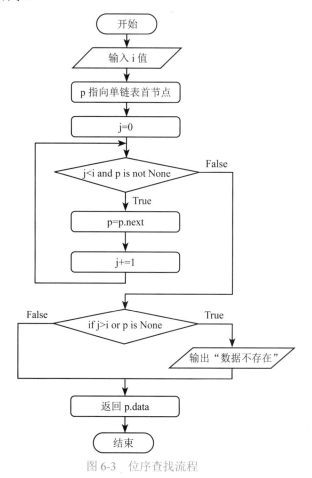

图 6-3   位序查找流程

参考代码（位序查找算法）：

```python
def get(self,i):
    ''' 读取并返回线性表中的第 i 个数据元素 '''
    p=self.head.next
    j=0
    # 从首节点开始向后查找，直到 p 指向第 i 个节点或者 p 为 None
    while j<i and p is not None:
        p=p.next
        j+=1
    if j>i or p is None:
        raise Exception(" 第 "+i+" 个数据元素不存在 ")
    return p.data
```

程序运行结果如下：

```
3
d
```

方法二：

【问题描述】输入数值 x，返回长度为 n 的单链表中初次出现数据域值为 x 的数据元素的位置 i，其中 0 ≤ i ≤ n-1。如果没有，则输出 -1。

【输入形式】

从键盘输入整值 x。

【输出形式】

输出只有一行，例如数字"1"。

【样例输入】

e

【样例输出】

4

【样例说明】

输入整值 e。经代码运行，查到数据元素 e 的位置 4，并将其输出。

分析：此问题的主要步骤是将 x 与单链表中的每一个数据元素的数据域进行比较，若相等，则返回该数据元素在单链表中的位置；若没有找到，则返回 -1。

自然语言算法描述：

S1：接收 x。

S2：设置变量 p，指向单链表的首节点。

S3：从首节点开始向后查找，直到 p 指向的节点的数据域数值为 x，或者 p 为 None。

S4：如果 i 不合法，则输出"-1"。

流程图如图 6-4 所示。

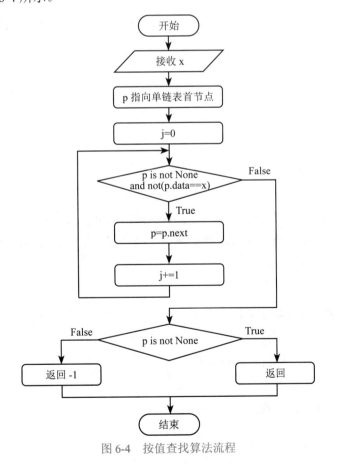

图 6-4　按值查找算法流程

参考代码（按值查找算法）：

```
def indexOf(self,x):
    ''' 返回元素 x 首次出现的位序号 '''
    p=self.head.next
    j=0
    while p is not None and not(p.data==x):
        p=p.next
        j+=1
    if p is not None:
        return j
    else:
        return -1
```

程序运行结果如下：

```
d
3
```

实践题目 2　插入某一数据

【问题描述】输入数字 i 和 x，其中 0 ≤ i ≤ n-1，操作是在长度为 n 的单链表中第 i 个节点前插入数据域值为 x 的新节点。如果不存在 i 值，则输出"输入位置不合法"，i=0 时在表头插入，i=n 时在表尾插入。

【输入形式】

从键盘输入整数 i 和 x。

【输出形式】

正常插入时没有输出，如果 i 值不对，则输出"插入位置不合法！"。

【样例输入】

3，M

【样例输出】

略

【样例说明】

输入整数 i=3，数据域值 x 为字符 m。经代码运行，找到第 3 个位置，插入数据元素字符 m。

分析：插入操作的关键操作分为 3 步：①查找到插入位置的前驱节点，即第 i-1 个节点；②建数据域值为 x 的新节点；③修改前驱节点的指针域为指向新节点的指针，新节点的指针域为指向原来第 i 个节点的指针。

自然语言算法描述：

S1：设置变量 p 指向单链表的首节点。

S2：从首节点开始向后进行，直到 p 指向第 i-1 个节点。

S3：创建新节点 s，s 的指针域指向第 i 个节点。

S4：p 指向 s。

S5：如果 i 不合法，则输出"输入位置不合法！"。

流程图如图 6-5 所示。

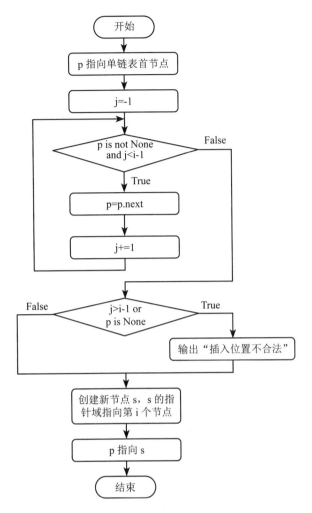

图 6-5　带头节点的单链表的插入操作算法流程

参考代码（带头节点的单链表的插入操作算法）：

```
def insert(self,i):
    ''' 插入 x 作为第 i 个数据元素 '''
    p=self.head
    j=-1
    # 从首节点开始向后查找，直到 p 指向第 i 个节点
    while p is not None  and j<i-1:
        p=p.next
        j+=1
    if j>i-1 or p is None:
        raise Exception(" 插入位置不合法！ ")
    s=Node(x,p.next)
    p.next=s
```

程序运行结果如下：

6 F

实践题目 3　删除某一数据

【问题描述】输入数字 i，其中 $0 \leq i \leq n-1$，操作是将长度为 n 的单链表中的第 i 个节点删除。如果不存在 i 值，则输出"删除位置不合法！"。

【输入形式】

从键盘输入整数 i。

【输出形式】

正常删除时没有输出，如果 i 值不对，则输出"删除位置不合法！"。

【样例输入】

7

【样例输出】

略

【样例说明】

输入整数 i=7。经代码运行，找到第 7 个位置，删除该数据元素。

分析：删除操作的关键操作分为 3 步：①判断单链表是否为空；②查找待删除节点的前驱节点；③修改前驱节点的指针域为待删除节点的指针域。

自然语言算法描述：

S1：设置变量 p 指向单链表的首节点。

S2：从首节点开始向后进行，直到 p 指向第 i-1 个节点。

S3：p 的指针域赋值为第 i 个节点的指针域。

S4：如果 i 不合法，则输出"删除位置不合法！"。

流程图如图 6-6 所示。

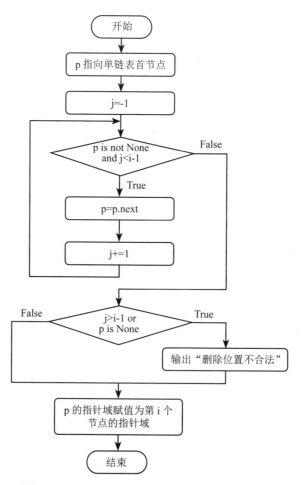

图 6-6　带头节点的单链表的删除操作算法流程

参考代码（带头节点的单链表的删除操作算法）：

```
def remove(self,i):
    ''' 删除第 i 个数据元素 '''
    p=self.head
    j=-1
    # 从首节点开始向后查找，寻找第 i 个节点的前驱节点
    while p is not None  and  j<i-1:
        p=p.next
        j+=1
    if j>i-1 or p.next is None:
        raise Exception("删除位置不合法！")
    p.next=p.next.next
```

实践 4　类的封装性

在面向对象的程序设计中，封装是对具体对象的一种抽象，即将具体细节隐藏起来，对外只提供功能和操作接口。通过"私有化"，将类或者函数中的某些属性限制在某个区域之内，外部不可见。Python 通过在变量名前加双下划线来实现"私有化"。

封装共分为两层。

第一层封装：创建类和对象会分别创建二者的名称空间，只能用"类名 ."或者"实例名 ."的方式去访问里面的属性和方法，这就是一种封装。

第二层封装：类中把某些属性和方法定义成私有成员，只在类的内部使用，外部无法访问（即面对用户是隐藏不见的），或者留下少量接口（函数）供外部访问。

实践题目 1　用字典定义 Student 类

字典（dict）是 Python 语言中内置的一种数据类型，在 Python 的类中灵活使用字典可能会起到意想不到的效果。

字典的每个键值 key ⇒ value 对用冒号":"分隔，每个键值对之间用逗号","分隔，整个字典包括在花括号 {} 中，格式如下：

```
d = {key1 : value1, key2 : value2 }
```

【问题描述】定义一个学生类 Student，类中使用了一个字典，用字典存储学生类的三个属性，即 name、age 和 score，并可随时对其实例的属性恢复其默认值、赋新值或获取其值。

定义类的私有成员变量"__attributes"，保存学生类的三个属性 name、age 和 score。初始化函数定义一个类的成员变量 self.attributes 为空字典，调用 setDefaultAttribute() 函数为其赋值。setDefaultAttribute() 函数中使用字典的 update() 函数，将私有成员变量"__attributes"的值赋给类的成员变量 self.attributes，供其实例调用。setAttribute() 函数通过一个字典参数 kwargs 用来设置 self.attributes 字典中 name、age 和 score 的值，设定新值之前，先对输入的 kwargs 中每个关键字判断其是否属于该类属性的关键字，若属于才赋值。getAttribute() 函数通过输入关键字获得类的属性值。

【输入形式】

略

【输出形式】

输出 student 具体实例的各个属性。

【样例输入】

略

【样例输出】

'name': 'Wangxiaoming', 'age': 18, 'score': 90

自然语言算法描述：

S1：定义类 Student，定义私有成员变量 "__attributes"、初始化函数、setDefaultAttribute() 函数、setAttribute() 函数、getAttribute() 函数。

S2：类实例化，输出实例 student 的各个属性。

S3：更改各个属性值，重新输出。

S4：输出某一个属性值。

参考代码：

```python
class Student():
    __attributes={
            'name':'Wangxiaoming', # 姓名
            'age':18,       # 年龄
            'score':90      # 分数
        }
    def __init__(self):
        self.attributes={}
        self.setDefaultAttribute()
    def setDefaultAttribute(self):
        self.attributes.update(self.__attributes)
    def setAttribute(self,**kwargs):
        for k,v in kwargs.items():
            if k in self.__attributes.keys():
                self.attributes[k]=v
    def getAttribute(self,opt):
        return self.attributes[opt]
student=Student()
print('1:'+str(student.attributes))
student.setAttribute(name='Liuchengyu',age=19,score=88)
print('2:'+str(student.attributes))
student.setDefaultAttribute()
print('3:'+str(student.attributes))
student.setAttribute(score=78)
print('4:'+str(student.attributes))
print(student.getAttribute('name'))
```

程序运行结果如下：

```
1:{'name': 'Wangxiaoming', 'age': 18, 'score': 90}
2:{'name': 'Liuchengyu', 'age': 19, 'score': 88}
3:{'name': 'Wangxiaoming', 'age': 18, 'score': 90}
4:{'name': 'Wangxiaoming', 'age': 18, 'score': 78}
Wangxiaoming
```

实践 5　类的继承性

在面向对象的程序设计中，父类被认为是基类，一个定义好的类，子类是从父类派生出来的类，子类会继承父类的所有属性和方法，子类也可以覆盖父类同名的变量和方法。

在开发程序的过程中，Python 支持单继承与多继承。当只有一个基类时为单继承。
单继承的定义格式如下：

Class 类名 (基类名):
　　类体

Python 支持多继承，当子类有多个基类时称为多继承。多继承定义的语法格式如下：

class 类名 (基类 1, 基类 2,... 基类 n)
　　类体

实践题目 1　定义一个树类和它的二叉树子类

树（Tree）是一种具有明显的层次特性的非线性结构，是由 n 个节点构成的有限集合，节点数为 0 的数叫作空树。树必须满足以下条件：①有且仅有一个被称为根的节点；②其余节点可分为 m 个互不相交的有限集合，每个集合又构成一棵树，叫作根节点的子树。

树中元素具有一对多的逻辑关系，除了根节点以外，每个数据元素可以有多个后继但有且仅有一个前驱，如图 6-7 所示。

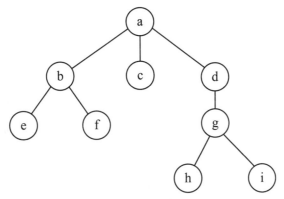

图 6-7　普通的树

二叉树是一种特殊的树，其特点是每个节点最多只有两个子节点，即二叉树中不存在度大于 2 的节点。二叉树的子树有左右之分，其次序不能任意颠倒，其所有子树（左子树或右子树）也均为二叉树，如图 6-8 所示。

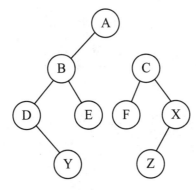

图 6-8　二叉树

如图 6-9 所示，任意一棵树都可以转换成二叉树进行处理，而二叉树的存储在计算机中易于实现。

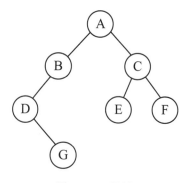

图 6-9   一棵树

【问题描述】定义一个树类 Tree，再定义一个子类 BinTree。一个树节点的相关信息可以包含两部分：节点数据和一组子树。这样我们可以设计树类的基本节点构件，即一个数据域和一个子节点表域。二叉树是树的一个子类，但有其特殊性，所以可以在继承 Tree类基本方法的基础上，有自己的特质，即可以有新的方法或重写某方法。

【输入形式】略

【输出形式】略

【样例输入】略

【样例输出】略

参考代码：

```python
class TreeNode():                    # 树节点类定义
    def __init__(self,data,subs=[]):
        self.data=data
        self.subtrees=list(subs)
class Tree():                        # 树类定义
    def __init__(self):              # 初始化
        self.root=None
    def create_tree(self):           # 创建一棵树
        pass
    def is_empty(self):              # 判断是否为一个空树
        pass
    def root(self):                  # 返回根节点信息
        pass
    def num_nodes(self):             # 求树中节点个数
        pass
    def data(self):                  # 取得树中的节点数据信息
        pass
    def first_child(self):           # 取得树中节点的第一棵子树信息
        pass
    def children(self):              # 取得树中节点的各个子树信息
        pass
class BiTreeNode(TreeNode):          # 二叉树节点类定义
    def __init__(self,data,lchild=None,rchild=None):
        self.data=data
        self.lchild=lchild
        self.rchild=rchild
class BiTree(Tree):                  # 二叉树类定义
    def __init__(self):              # 初始化
        self.root=None
    def create_tree(self):           # 创建一棵二叉树
        pass
```

```
def is_empty(self):          # 判断是否为一个空树
    pass
def root(self):              # 返回根节点信息
    pass
def num_nodes(self):         # 求树中节点个数
    pass
def data(self):              # 取得树中的节点数据信息
    pass
def leftchild(self):         # 取得树中节点的左子树信息
    pass
def rightchild(self):        # 取得树中节点的右子树信息
    pass
```

实践题目 2　二叉树的遍历

【问题描述】二叉树的遍历就是不重复地访问二叉树中的所有节点。在遍历二叉树的过程中，要按某条搜索路径寻访树中每个节点，使得每个节点均被访问一次，而且仅被访问一次。常见方法有三种：前序遍历、中序遍历和后序遍历。对如图 6-10 所示的树形结构进行前序遍历。

【输入形式】无

【输出形式】

输出树中的每一个节点数据域信息。

【样例输入】无

【样例输出】

A B D G C E F

分析：根据问题描述，要求前序遍历二叉树，就是首先访问根节点，然后遍历左子树，最后遍历右子树；并且，在遍历左右子树时，仍然先访问根节点，然后遍历左子树，最后遍历右子树。

自然语言算法描述：

S1：访问根节点。

S2：遍历左子树。

S3：遍历右子树。

流程图如图 6-10 所示。

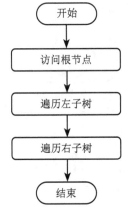

图 6-10　遍历二叉树算法流程

参考代码（遍历二叉树算法）：

```
def preOrder(root):
    if root is not None:
        print(root.data,end='')
        BiTree.preOrder(root.lchild)
        BiTree.preOrder(root.rchild)
```

程序运行结果如下：

A B D G C E F

实践 6   类的多态性

多态即多种形态。例如，序列类型有多种形态：字符串、列表、元组。向不同对象发送同一条消息，不同对象在接收时会产生不同的行为（即方法）。

在继承关系中，多态体现在基类的同一个成员函数或方法在不同的子类中具有不同的表现和行为。

实践题目 1   定义一个图类

图是一种数据元素间具有多对多关系的非线性数据结构，由顶点集 V 和边集 E 组成，记作 G=(V,E)。若图的边限定为从一个顶点指向另一个顶点，则边称为有向边，否则称为无向边。图的抽象数据类型用 Python 抽象类描述如下。

```
class IGraph():
    def createGraph(self):
        ''' 创建图 '''
        pass
    def getVNum(self):
        ''' 返回图中的顶点数 '''
        pass
    def getENum(self):
        ''' 返回图中的边数 '''
        pass
    def getVex(self,i):
        ''' 返回图中位置为 i 的顶点值 '''
        pass
    def locateVex(self,x):
        ''' 返回图中值为 x 的顶点位置 '''
        pass
    def firstAdj(self,i):
        ''' 返回节点 i 的第一个邻接点 '''
        pass
    def getVNum(self,i,j):
        ''' 返回相对于 j 的下一个邻接点 '''
        pass
```

实践题目 2　创建无向图与有向图

图有多种存储方式。

例如，用邻接表就可以存储图。在邻接表中，对图中每个顶点建立一个单链表，第 i 个单链表中的节点表示依附于顶点 vi 的边（对有向图是以顶点 vi 为尾的弧）。

节点结构如图 6-11 所示。

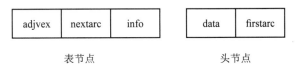

表节点　　　　　　　　　头节点

图 6-11　邻接表存储节点结构

表节点由 3 个域组成：

adjvex：邻接点域，指示与顶点 vi 邻接的点在图中的位置。

nextarc：链域，指示下一条边或弧的节点。

info：数据域，存储和边或弧相关的信息，如权值等。

头节点由 2 个域组成：

data：数据域，存储顶点 vi 的名或其他有关信息。

firstarc：链域，指向链表中第一个节点。

示例图如图 6-12 所示。

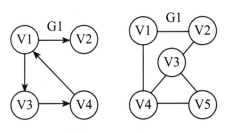

图 6-12　G1 和 G2

图 6-12 中的 G1 和 G2 的邻接表如图 6-13 所示。

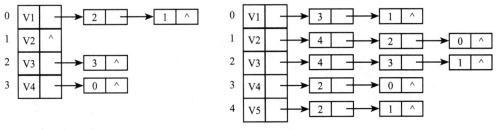

图 6-13　G1、G2 的邻接表

【问题描述】邻接表存储图的方式下，完成创建有向图和无向图的编程。

【输入形式】略

【输出形式】略

【样例输入】略

【样例输出】略

分析：根据问题描述，可以得出，同样是创建图，都用 createGraph() 方法，但是创建有向图和无向图的具体步骤和操作是不一样的。

参考代码：

```python
# 邻接表实现
class VNode():                            # 邻接表的顶点节点类
    def __init__(self,data=None,firstNode=None):
        self.data=data                    # 存放节点值
        self.firstArc=firstNode  # 第一条边
class ArcNode():                          # 邻接表的边节点类
    def __init__(self,adjVex,value,nextArc=None):
        self.adjVex=adjVex                # 边指向的顶点的位置
        self.value=value                  # 边的权值
        self.nextArc=nextArc              # 指向下一条边
# 图的邻接表类的描述
class ALGraph(IGraph):
    # 图类别静态常量
    GRAPHKIND_UDG='UDG'
    GRAPHKIND_DG='DG'
    GRAPHKIND_UDN='UDN'
    GRAPHKIND_DN='DN'

    def __init__(self,kind=None,vNum=0,eNum=0,v=None,e=None):
        self.kind=kind                    # 图的种类
        self.vNum=vNum                    # 图的顶点数
        self.eNum=eNum                    # 图的边数
        self.v=v                          # 顶点列表
        self.e=e                          # 边信息
    def createGraph(self):
        if self.kind==self.GRAPHKIND_UDG:
            self.createUDG()
        elif self.kind==self.GRAPHKIND_DG:
            self.createDG()
        if self.kind==self.GRAPHKIND_UDN:
            self.createUDN()
        if self.kind==self.GRAPHKIND_DN:
            self.createDN()
    # 创建无向图
    def createUDG(self):
        v=self.v
        self.v=[None]*self.vNum
        for i in range(self.vNum):
            self.v[i]=VNode(v[i])
            for i in range(self.eNum):
                a,b=self.e[i]
                u,v=self.locateVex(a),self.locateVex(b)
                self.addArc(u,v,l)
                self.addArc(v,u,l)

    # 创建有向图
    def createDG(self):
        v=self.v
```

```
    self.v=[None]*self.vNum
    for i in range(self.vNum):
        self.v[i]=VNode(v[i])
    for i in range(self.eNum):
        a,b=self.e[i]
        u,v=self.locateVex(a),self.locateVex(b)
        self.addArc(u,v,l)
```

如果用邻接矩阵的存储结构存储图，createUDG() 和 createDG() 代码如下：

```
# 邻接矩阵可以用二维数组进行表示
# 创建无向图
 def createUDG(self,vNum,eNum,v,e):
    self.vNum=vNum
    self.eNum=eNum
    self.v=[None]*vNum
    for i in range(vNum):
        self.v[i]=v[i]
    self.e=[[0]*vNum]*vNum
    for i in range(eNum):
        a,b=e[i]
        u,v=self.locateVex(a),self.locateVex(b)
        self.e[u][v]=self.e[u][v]=1

# 创建有向图
 def createDG(self,vNum,eNum,v,e):
    self.vNum=vNum
    self.eNum=eNum
    self.v=[None]*vNum
    for i in range(vNum):
        self.v[i]=v[i]
    self.e=[[0]*vNum]*vNum
    for i in range(eNum):
        a,b=e[i]
        u,v=self.locateVex(a),self.locateVex(b)
        self.e[u][v]=1
```

通过以上代码分析，当图的存储结构不同时，createUDG() 和 createDG() 方法是不同的。由此，可以得出，基类的同一个成员函数或方法，在不同的子类中具有不同的表现和行为，体现了多态性。

本章小结

从类的定义与实例化，类的属性、方法和类的继承性、封装性与多态性等几个方面理解面向对象的编程方法，理解用 Python 语言描述事物抽象性的规律；熟悉 Python 表达常用数据结构的流程和方法。

第 7 章　Python 文件操作

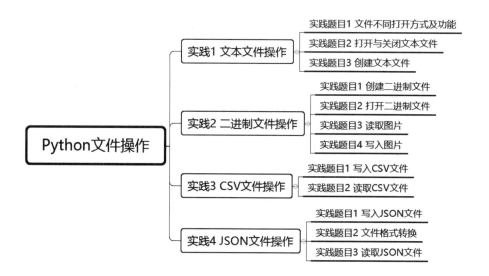

实践导读

Python 文件操作是运用 Python 对存储在文件中的数据进行操作的基础。本章具体介绍了如何运用 Python 读写文本文件、二进制文件、CSV 文件和 JSON 文件，并辅以丰富的实践练习，为读者后续灵活运用 Python 处理各种文件中的数据奠定了坚实的基础。

本章的主要知识点如下：

- 使用 open() 函数可以打开文本文件和二进制文件，打开方式包括只读、只写和追加三种方式，或不同方式的组合。
- 可以使用 open() 函数或者 Pandas 对 CSV 文件和 JSON 文件进行读取及写入操作。

实践目的

- 掌握不同文件的特点。
- 掌握 Python 读写文本文件、二进制文件、CSV 文件、JSON 文件的基本方法。

实践 1　文本文件操作

文本文件存储的是常规字符串，由若干文本行组成，每行以换行符 "\n" 结尾。利用记事本之类的文本编辑器可以正常显示、编辑文本文件。在 Windows 操作系统中，文本文件的扩展名一般为 txt、ini、log。

实践题目 1　请列出文件不同的打开方式及其功能

文件的打开方式见表 7-1。

表 7-1　文件的打开方式

打开方式	功能
r	默认方式，以只读方式打开文件，若文件不存在，返回 FileNotFoundError
w	以只写方式打开文件，如果该文件已存在，则将其覆盖，否则创建新文件
x	以只写方式创建文件，如果文件存在，返回异常 FileExistsError
a	以追加方式打开文件，如果该文件存在，新内容写入已有内容之后，如果文件不存在，则创建新文件并写入
b	以二进制文件方式打开
t	以文本文件方式打开，默认值
+	与 r/w/x/a 一同使用，在原有功能基础上同时增加读 / 写功能

注意：r、w、x、a 可以和 b、t、+ 组合使用，形成既表达读写，又表达文件类型的方式。

实践题目 2　以只读方式打开与关闭 text.txt 文件

1. 使用 open() 函数打开文件

```
f = open('test.txt', 'r')
```

如果文件不存在，open() 函数就会抛出一个 IOError 的错误，并且给出错误码和详细的信息来显示文件不存在，报错代码如下：

```
FileNotFoundError                Traceback (most recent call last)
<ipython-input-1-9f3bddd907fb> in <module>
----> 1 f = open('test.txt', 'r')
FileNotFoundError: [Errno 2] No such file or directory: 'test.txt'
```

2. 使用 close() 函数关闭文件

文件使用完毕后必须关闭，因为操作系统同一时间能打开的文件数量也是有限的，而文件对象会占用操作系统的资源，可以使用 close() 函数关闭文件。

```
f.close()
```

3. 引入 with 语句自动调用 close() 函数

```
with open('test.txt','r',encoding='utf-8') as f:    #encoding='utf-8'，避免中文出现乱码
    print(f.read())
```

程序运行结果如下：

```
锄禾日当午
汗滴禾下土
谁知盘中餐
粒粒皆辛苦
```

4. 文件读取方式

文件读取有三种常用方式，分别是 read()、readline() 和 readlines()。

（1）read()：从打开的文件中读取文本，返回一个字符串。可用参数 size 表示读取的

字符数或字节流，参数 size 也可以省略，若省略则表示读取文件中所有的内容并返回。

```python
with open('test.txt','r',encoding='utf-8') as f:
    print(f.read())
```

程序运行结果如下：

```
锄禾日当午
汗滴禾下土
谁知盘中餐
粒粒皆辛苦
```

（2）readline()：读取文件的一行内容，返回一个字符串。若是空行，返回"\n"。

```python
with open('test.txt','r',encoding='utf-8') as f:
    print(f.readline())
```

程序运行结果如下：

```
锄禾日当午
```

（3）readlines()：读取文件中的所有行，返回一个以行为元素的列表。如果指定参数，则表示读取的行数。

```python
with open('test.txt','r',encoding='utf-8') as f:
    print(f.readlines())
```

程序运行结果如下：

```
[' 锄禾日当午 \n',' 汗滴禾下土 \n',' 谁知盘中餐 \n',' 粒粒皆辛苦 ']
```

实践题目 3   创建 text2.txt 文件

写文件和读文件是一样的，唯一区别是调用 open() 函数时，传入标识符 w 表示写文本文件。写入后的效果如图 7-1 所示。

```python
with open('test2.txt', 'w') as f:
    f.write('Hello, world!')
```

图 7-1   写入的文件

注意：选用打开方式 w，如果没有这个文件，就创建一个；如果有，就会先把原文件的内容清空再写入新的内容。所以若不想清空原来的内容，而是直接在后面追加新的内容，就用 a 这种打开方式。

此外，使用 writelines() 方法，可以实现将字符串（列表）写入文件。写入代码如下：

```python
ls = [' 床前明月光 \n',' 疑是地上霜 \n',' 举头望明月 \n',' 低头思故乡 \n']
with open('test3.txt', 'w') as f:
    f.writelines(ls)
```

效果如图 7-2 所示。

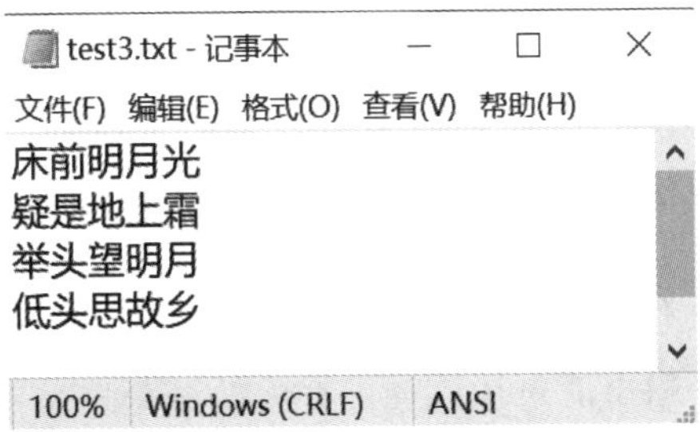

图 7-2　使用 writelines() 方法写入文件

注意：使用 write() 和 writelines() 函数向文件中写入多行数据时，不会自动换行，如果需要换行，需要在每个字符串后面添加 "\n" 换行符实现。

实践 2　二进制文件操作

二进制文件包括图形、图像文件，音频文件，视频文件，可执行文件，各种数据库文件等。在二进制文件中，信息以字节进行存储，无法用普通的字处理软件直接编辑，需要使用正确的软件进行解码或反序列化之后才能进行进一步的处理。

与文本文件读写相比，二进制文件读写需要在相应打开方式后添加 b 即可。

实践题目 1　以只写方式创建 btest1.txt 文件

使用 open() 函数创建文件，文件打开方式选择 wb。

```
with open('btest1.dat','wb') as f:
    a='hello'
    a=a.encode()   #str 通过 encode() 方法编码为 byte
    f.write(a)
```

注意：当把字符串写入二进制文件时，需要使用 encode() 函数将字符串的格式由 str 转换为 byte，encode(self, encoding='utf-8', errors='strict')。

实践题目 2　以只读方式打开并显示 btest1.txt 文件

使用 open() 函数打开文件，文件打开方式选择 rb。

```
with open('btest1.dat','rb') as f:
    a=f.read()
    print(a)
```

程序运行结果如下：

```
b'hello'
```

注意：'hello' 前面的 b 表示是字节格式。

如果想以字符串格式显示二进制文件中的文本，需要使用 decode() 函数将 byte 解码为 str。

```
with open('btest1.dat','rb') as f:
    a=f.read()
    a=a.decode()   #byte 通过 encode() 方法解码为 str
    print(a)
```

程序运行结果如下：

```
hello
```

实践题目 3　以二进制格式读取 cat.jpg，并进行显示

使用 open() 函数打开文件，文件打开方式选择 rb，如图 7-3 所示，返回值为基于值编码的二进制字符串，读者一般不能直接读懂。

```
file = 'cat.jpg'
with open(file,'rb') as f:
    r = f.read()
    print(r)
```

```
file = 'cat.jpg'
with open(file,'rb') as f:
    r = f.read()
    print(r)
```

```
b'\xff\xd8\xff\xe0\x00\x10JFIF\x
1\x10\x10\x11#\x19\x1b\x15\x1d*9
GGGGGGGGGGGGGGGGGGGGGGGGGGGGGGG
\x01\x01\x01\x01\x00\x00\x00\x00
\x04\x04\x04\x05\x02\x07\x00\x01
2\xb2\x0745\xff\xc4\x00\x19\x01
01\x01\x01\x01\x01\x01\x01\x01\
```

图 7-3　以二进制形式读取图片

实践题目 4　将图片 cat.jpg 以二进制形式写入新文件 new.jpg

首先需要使用 open() 函数以二进制形式读入图片，打开方式为 rb，然后再利用 open() 函数写入到新的文件中，打开方式为 wb。

```
file = 'cat.jpg'
with open(file,'rb') as f:          # 定义一个新的文件
    new_file = 'new.jpg'
    with open(new_file,'wb') as f1:
    chunk = 1024*1024               # 定义读取大小
    while True:
        con = f.read(chunk)
        if not con:
            break
        f1.write(con)
```

程序运行结果如图 7-4 所示。

cat.jpg

new.jpg

图 7-4　以二进制形式写入图片

实践 3　CSV 文件操作

CSV 是 Comma-Separated Values 的缩写，即逗号分隔值，是用文本文件形式存储的表格数据（数字和文本）。CSV 文件由任意数目的记录组成，记录间常以逗号或制表符分隔。通常，所有记录都有完全相同的字段序列，且均为纯文本文件，可以使用写字板、记事本或 Excel 打开。

实践题目 1　将 datas= [['name', 'age'], ['Bob', 14], ['Tom', 23], ['Jerry', '18']] 写入 CSV 文件

方法一：使用 open() 函数写入 CSV 文件。

使用 open() 函数将 datas 中的数据写入 CSV 文件，文件打开方式选择 w，写入后的效果如图 7-5 所示。

```
import csv
# 使用数字和字符串的数字都可以
datas = [['name', 'age'],
         ['Bob', 14],
         ['Tom', 23],
         ['Jerry', '18']]

# 如果不指定 newline='',则每写入一行将有一个空行被写入。
with open('example2.csv', 'w', newline='') as f:
    writer = csv.writer(f)
    for row in datas:
        writer.writerow(row)
```

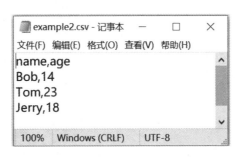

图 7-5　写入后的 CSV 文件

也可以使用 writer.writerows() 一次性写入多行，代码如下：

```
import csv
# 使用数字和字符串的数字都可以
datas = [['name', 'age'],
         ['Bob', 14],
         ['Tom', 23],
         ['Jerry', '18']]

with open('example2.csv', 'w', newline='') as f:
    writer = csv.writer(f)
    writer.writerows(datas)      # 写入多行
```

注意：在 open() 函数中，需要指定参数 newline=''，否则每写入一行将有一个空行被写入，写入后的效果如图 7-6 所示。

方法二：使用 Pandas 写入 CSV 文件。

首先将数据整理成 DataFrame 格式，然后使用 Pandas 中的 to_csv() 函数写入 CSV 文件，写入后的效果如图 7-7 所示。

```python
import pandas as pd
example3 = pd.DataFrame([['Bob', '14'], ['Tom', '23'], ['Jerry', '18']], columns=['name', 'age'])
example3.to_csv('example3.csv',index=False,sep=',')
```

注意：index=False 为不写入行名，sep=',' 表明分隔符为逗号。

图 7-6　写入后的 CSV 文件（不指定参数 newline=''）　　图 7-7　写入后的 CSV 文件（使用 Pandas 写入）

实践题目 2　读取 example2.csv 中的内容

方法一：使用 open() 函数读取 CSV 文件。

使用 open() 函数读取 example2.csv 中的内容，文件打开方式选择 r。

```python
import csv

with open("example2.csv", "r") as f:
    reader = csv.reader(f)
    rows = [row for row in reader]
print(rows)
```

程序运行结果如下：

```
[['name', 'age'], ['Bob', '14'], ['Tom', '23'], ['Jerry', '18']]
```

如果事先知道需要读取特定列以及列的编号，可以在读取时指定特定列。

```python
import csv

# 读取第二列的内容
with open("example2.csv", "r") as f:
    reader = csv.reader(f)
    column = [row[1] for row in reader]
print(column)
```

程序运行结果如下：

```
['age', '14', '23', '18']
```

注意：从 CSV 文件中读出的都是 str 类型的数据。这种方法要事先知道列的序号，比如 age 在第 2 列，而不能根据 age 这个标题查询。

方法二：使用 Pandas 读取 CSV 文件。

使用 Pandas 中的 read_csv() 函数读取 CSV 文件，返回值为 DataFrame 格式的数据。

```
import pandas as pd
df = pd.read_csv('example2.csv')
df.head()
```

程序运行结果如下：

```
     name        age
0    Bob          14
1    Tom          23
2    Jerry        18
```

pandas.read_csv() 函数有很多参数，可以根据实际需要实现个性化读取，常用的参数及其解释如下：

（1）filepath_or_buffer：需要读取的文件及路径。

（2）sep / delimiter：列分隔符，普通文本文件。

（3）header：文件中是否需要读取列名的一行，header=None（使用 names 自定义列名，否则默认为 0,1,2,...）或 header=0（将首行设为列名）。

（4）names：如果 header=None，则 names 必须命名。

（5）shkiprows=n：跳过前十行。

（6）nrows =n：只取前 10 行。

（7）usecols=[0,1,2,...]：需要读取的列，可以是列的位置编号，也可以是列的名称。

（8）parse_dates = ['col_name']：指定某行读取为日期格式。

（9）index_col = None /False /0：重新生成一列成为 index 值，0 表示第一列，用作行索引的列编号或列名。可以是单个名称 / 数字或由多个名称 / 数字组成的列表（层次化索引）。

（10）error_bad_lines = False：当某行数据有问题时，不报错，直接跳过，处理脏数据时使用。

（11）na_values = 'NULL'：将 NULL 识别为空值。

（12）encoding='utf-8'：指明读取文件的编码，默认为 utf-8。

实践 4　JSON 文件操作

JSON（JavaScript Object Notation）是一种轻量级的数据交换格式，既易于人阅读和编写，也易于机器解析和生成。JSON 数据写为名称 / 值对，是常用的数据交换语言，常用于通过 Web API 从 Web 服务器下载和存储信息。

实践题目 1　将字典 d 编码成 JSON 字符串，并写入到 JSON 文件中。d={' 张三 ':{'sex':' 男 ','addr':' 北京 ','age':20},' 李四 ':{ 'sex':' 女 ','addr':' 天津 ', 'age':18},}

使用 open() 函数新建一个 JSON 文件，命名为 demo1.json，打开方式为 w。利用 json.dump() 函数将字典 d 转换成 JSON 字符串，并写入到 demo1.json 文件中。写入后的效果如图 7-8 所示。

```
import json
d={' 张三 ':{'sex':' 男 ','addr':' 北京 ','age':20},' 李四 ':{ 'sex':' 女 ','addr':' 天津 ', 'age':18},}
```

```
#打开一个名字为 demo1.json 的空文件
with open('demo1.json','w',encoding='utf-8') as fw:
    json.dump(d,fw,ensure_ascii=False,indent=4)
#将 d 转换成 json 字符串，并写入到 demo1.json 文件中
```

注意：参数 ensure_ascii=False，可以识别中文，indent=4 指间隔 4 个空格显示。

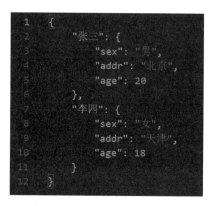

图 7-8　写入后的 JSON 文件

实践题目 2　利用 Pandas 将一个 DataFrame 转换成 JSON 文件

首先定义一个 DataFrame 对象，然后调用 to_json() 函数，并传入要创建的 json 文件名作为参数。

```
import pandas as pd
import numpy as np

frame = pd.DataFrame(np.arange(16).reshape(4, 4),
            index=['white', 'black', 'red', 'blue'],
            columns=['up', 'down', 'right', 'left'])
print(frame)
frame.to_json('frame.json')
```

程序运行结果如下：

```
      up  down  right  left
white  0   1      2    3
black  4   5      6    7
red    8   9     10    11
blue  12  13     14    15
```

写入的 JSON 文件如图 7-9 所示。

```
1  {"up":{"white":0,"black":4,"red":8,"blue":12},"down":{"w
   hite":1,"black":5,"red":9,"blue":13},"right":{"white":
   2,"black":6,"red":10,"blue":14},"left":{"white":3,"blac
   k":7,"red":11,"blue":15}}
```

图 7-9　Frame 转换的 JSON 文件

实践题目 3　读取 demo1.json 中的内容

方法一：使用 open() 函数。

利用 open() 函数打开 demo1.json，打开方式选择 r，利用 read() 函数读取 JSON 文件

中的内容。

```
import json
with open('demo1.json','r',encoding='utf-8') as f:
    res=f.read()
print(res)
```

程序运行结果如下：

```
{
  " 张三 ": {
    "sex": " 男 ",
    "addr": " 北京 ",
    "age": 20
  },
  " 李四 ": {
    ""sex": " 女 ",
    "addr": " 天津 ",
    "age": 18
  }
}
```

如果想将读取出来的 JSON 字符串转换成字典格式，使用 json.load() 函数即可，

```
import json
f =open('demo1.json',encoding='utf-8')
print(json.load(f))
f.close()
```

程序运行结果如下：

{' 张三 ': {'sex': ' 男 ', 'addr': ' 北京 ', 'age': 20}, ' 李四 ': {'sex': ' 女 ', 'addr': ' 天津 ', 'age': 18}}

方法二：使用 Pandas。

利用 Pandas 的 read_json() 函数即可实现对 JSON 文件的读取，并以 DataFrame 的格式进行显示。

```
import pandas as pd
frame2 = pd.read_json('demo1.json')
print(frame2)
```

程序运行结果如下：

```
     张三 李四
sex   男  女
addr 北京 天津
age  20 18
```

本章小结

通过实践使读者进一步理解和掌握文本文件的不同打开方式和读写流程；理解和掌握二进制文件的写入和读取方法；熟练运用多种方式对 CSV 文件进行写入和读取；掌握 JSON 文件的写入和读取。

第 8 章　Python 数据库操作

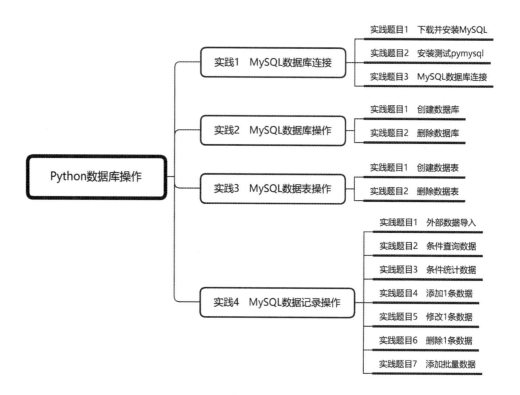

実践1　MySQL数据库连接
- 实践题目1　下载并安装MySQL
- 实践题目2　安装测试pymysql
- 实践题目3　MySQL数据库连接

实践2　MySQL数据库操作
- 实践题目1　创建数据库
- 实践题目2　删除数据库

实践3　MySQL数据表操作
- 实践题目1　创建数据表
- 实践题目2　删除数据表

实践4　MySQL数据记录操作
- 实践题目1　外部数据导入
- 实践题目2　条件查询数据
- 实践题目3　条件统计数据
- 实践题目4　添加1条数据
- 实践题目5　修改1条数据
- 实践题目6　删除1条数据
- 实践题目7　添加批量数据

实践导读

　　对于大量数据的快速共享存取访问，在保持数据的一致性和完整性，保持数据与应用程序的独立性方面，数据库有着比文件访问更多的优势，本章以 Python 操作开源数据库 MySQL 为例进行训练，通过实践项目，读者进一步深入了解数据库的特点和原理，掌握 Python 操作数据库的流程和方法，进而举一反三，触类旁通，将其应用到自己的工作中。

　　本章的主要知识点如下：

- MySQL 数据库的安装和使用。
- pymysql（Python DB-API for MySQL）的安装。
- Python 通过 SQL 语句操作 MySQL 数据库、数据表和数据记录。

实践目的

- 掌握开源数据库 MySQL 的下载安装配置方法。
- 掌握 Python 操作数据库接口 DB-API 的下载安装方法。
- 掌握 Python 操作数据库的流程和方法。
- 掌握 Python 对数据记录的查询、添加、修改和删除 SQL 语句的使用。

实践 1　MySQL 数据库连接

通过数据库管理系统来管理文件，可以降低数据的冗余度，提高数据的独立性、共享性和易扩展性。MySQL 数据库管理系统是目前比较成熟的一种关系型数据库，在结构化数据的存储和分析中应用非常广泛。下载安装数据库是一项基本技能。

实践题目 1　下载并安装 MySQL

MySQL 的官网地址为 http://www.mysql.com。如图 8-1 左图所示，进入官网后，单击 DOWNLOADS。MySQL 分为社区版和商业版，读者可以根据自己的需求进行下载。这里仅介绍 Windows 系统下社区版的下载和安装。单击 MySQL Community (GPL) Downloads，如图 8-1 右图所示，进入如图 8-2 左图所示的下载页面。

图 8-1　MySQL 官网下载

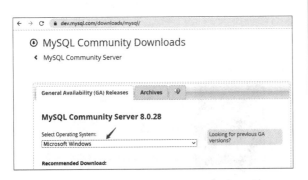

图 8-2　MySQL　Community(GPL) Downloads

在图 8-2 左图所示的页面中选择操作系统为 Microsoft Windows，单击图 8-2 右侧所示 Go to Download Page 按钮，跳转到如图 8-3 左图所示页面，选择第二个非网络社区版（mysql-installer-community-8.0.28.0.msi），单击后面的 Download 按钮。如果不想注册，直接单击图 8-3 右图中最下面的 "No thanks, just start my download." 链接即可开始下载。

图 8-4 左图为选择一个安装类型，这里选择默认开发者，图 8-4 右图检查依赖需求，这里不用 Visual Studio 开发，不选，直接单击 Next 按钮进入下一步。

图 8-3　mysql-installer-community-8.0.28.0. 下载页面

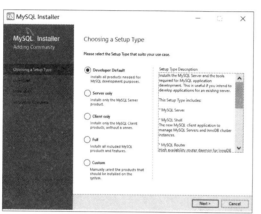
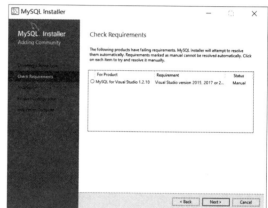

图 8-4　选择安装类型和检查安装需求

这里需要安装如图 8-5 左图所示组件，单击 Execute 按钮进行安装，安装完毕后单击 Next 按钮进入下一步，在如图 8-5 右图所示的产品配置界面，单击 Next 按钮进入下一步。

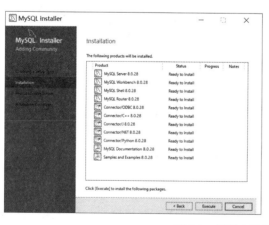
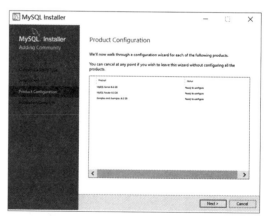

图 8-5　需要安装的组件和产品配置

在如图 8-6 左图所示的类型和网络界面，默认各选项，单击 Next 按钮进入下一步。在如图 8-6 右图所示的认证方法界面，默认选项，单击 Next 按钮进入下一步。

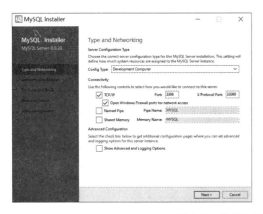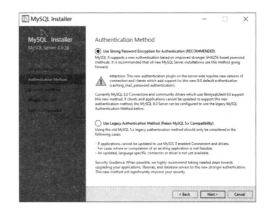

图 8-6　类型与网络和认证方法配置

如图 8-7 左图所示，设置 root 用户密码，此处可以在下方 MySQL User Accounts 添加用户及设置密码，但建议先用 root 账户，等熟练后再根据需要添加其他用户，单击 Next 按钮进入 Windows Service 界面，如图 8-7 右图所示，可先默认各选项，待熟练后再修改，单击 Next 按钮进入 Apply Configuration 界面。

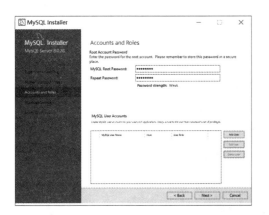

图 8-7　设置用户密码及 Windows 服务

如图 8-8 左图所示，列出即将应用的配置，单击 Execute 按钮进行各项配置，完毕后，如图 8-8 右图所示，单击 Finish 按钮进入下一步。

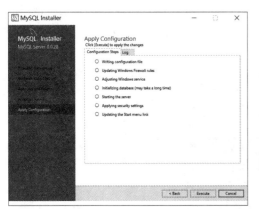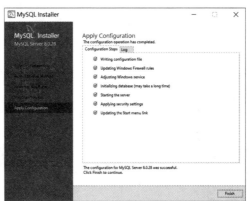

图 8-8　应用配置

如图 8-9 左图所示的产品配置界面，单击 Next 按钮进入下一步。如图 8-9 右图所示的 MySQL 路由器配置界面，先勾选 Bootstrap MySQL Router for use with InnoDB Cluster 复选框，然后设置 Hostname 和 Password。设置完成后，取消勾选，单击 Finish 按钮进入下一步。

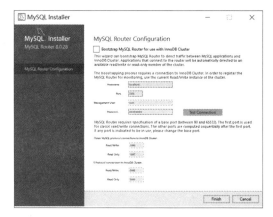

图 8-9　产品配置和路由器配置

再次回到如图 8-10 左图所示的产品配置界面，单击 Next 按钮进入下一步。如 8-10 右图所示测试连接至服务器，输入前面设置的 Password，单击 Check 按钮进行验证，验证通过后，上面的 Status 会显示 Connection succeeded，说明服务器连接成功，单击 Next 按钮进入下一步。

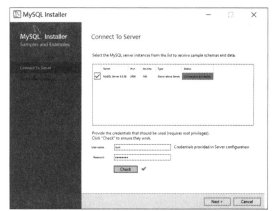

图 8-10　产品配置测试连接

如图 8-11 左图所示，单击 Execute 按钮进行各项配置，完毕后如图 8-11 右图所示，单击 Finish 按钮进入下一步。回到如图 8-9 左图所示的状态，单击 Next 按钮进入下一步。

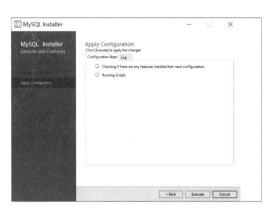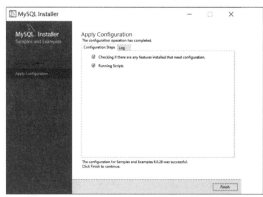

图 8-11　应用配置

在如图 8-12 左图所示的界面，单击 Finish 按钮完成安装。随后进入如图 8-12 右图所示的欢迎界面。

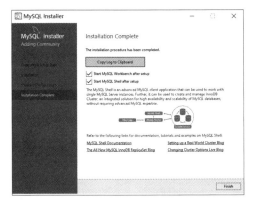

图 8-12　安装完成和欢迎界面

实践题目 2　安装测试 pymysql

打开命令窗口，输入 pip install pymysql，安装 MySQL 的 Python 接口。安装完毕后，在 Jupyter Notebook 中输入 import pymysql 运行，如果没有报错，说明 pymysql 安装成功。

实践题目 3　MySQL 数据库连接

连接数据库并利用 API 对象、连接对象和游标对象实现对数据库的连接和基本操作，实现代码及运行结果如下：

```
import pymysql as pms
# 连接 MySql 数据库服务器
conn =pms.connect(host='localhost',user='root',
          password='password123',charset='utf8mb4')
cur=conn.cursor()        # 创建游标对象
cur.execute("SELECT VERSION()")
# 取得查询的结果
data = cur.fetchone()
print("Database version : %s " % data)
# 关闭连接
cur.close()
conn.close()
Database version : 8.0.20
```

实践 2　MySQL 数据库操作

实践题目 1　创建数据库

【问题描述】已经从互联网上采集了一批微博舆情数据，现在要将其存入 MySQL 数据库中，请创建名为 yuqing 的数据库。

分析与思路：首先，连接数据库服务器，然后，显示服务器上现在有什么数据库；其次，如果没有该数据库就创建；最后，再次显示服务器上现有数据库，检验数据库创建是否成功。

1. 连接数据库服务器

```
# 连接数据库服务器
import pymysql as pms          #pms 是模块别名
# 连接 MySql 数据库
conn =pms.connect(host='localhost',port=3306,user='root',
          password='password123',charset='utf8mb4')
print("success!")
```

执行以上代码，连接数据库服务器，如果成功，则输出"success!"，如果不成功则报错。

2. 显示当前服务器上的数据库

```
# 利用数据库连接对象创建游标对象
cur=conn.cursor()
# 准备 SQL 操作命令字符串
str_showdb="'show databases'"
# 执行 SQL 操作
cur.execute(str_showdb)
# 得到查询结果元组
dblist=cur.fetchall()
print(dblist)
```

执行以上代码，如果成功，则显示当前数据库服务器上的所有数据库名称元组，否则会报错。

3. 创建名为 yuqing 的数据库

```
# 创建游标对象
cur=conn.cursor()
# 准备 SQL 操作命令字符串
str_cteate ="'create database if not exists yuqing'"
# 执行创建数据库的 SQL 语句
cur.execute(str_cteate)
```

执行以上代码，如果成功，则返回 1，不成功则报错。

4. 显示当前服务器上的数据库

执行 3. 的代码，如果成功则可以用 2. 的代码再次显示服务器上的数据库，此时，多了一个名为 yuqing 的数据库。

```
(('abc',), ('data',), ('def',), ('edu_admin_info',), ('information_schema',), ('mysql',), ('performance_schema',), ('sakila',), ('sys',),
('world',), ('yuqing',), ('人员管控',))
```

实践题目 2　删除数据库

【问题描述】服务器上的 abc 数据库中数据已经备份，现在需要将其从服务器上删除，请编写程序将名称为 abc 的数据库删除。

删除数据库的方法与创建类似，只是 SQL 语句的命令动词不同，操作如下：

```
cur=conn.cursor()
str_deldb="'drop database if exists abc'"
cur.execute(str_deldb)
# 关闭游标对象
cur.close()
# 关闭数据库连接
conn.close()
```

以上代码如果执行成功，返回 0，否则报错。为了进一步确认已经删除，可以再次显示服务器上现有数据库，结果如下：

```
(('data',), ('def',), ('edu_admin_info',), ('information_schema',), ('mysql',), ('performance_schema',), ('sakila',), ('sys',), ('world',),
('yuqing',), ('人员管控',))
```

小结：以上训练题目已经覆盖了数据库操作的连接、增、删和查，还有修改数据库的全局属性操作，只要将命令动词改为 alter 即可，SQL 语句的写法，读者可进一步查阅 MySQL 用户手册。Python 操作 MySQL 数据库的基本流程都是一样的，分五步：①导入 pymysql 模块，创建 DB-API 对象；②用 DB-API 创建数据库连接对象；③用数据库连接对象创建游标对象；④用游标对象执行 SQL 命令语句，实现对数据库、数据表和数据记录的操作；⑤关闭游标和数据库连接。

实践 3　MySQL 数据表操作

实践题目 1　创建数据表

【问题描述】已经从互联网上采集了一批微博舆情数据，现在要将数据清洗统计聚合后生成的时间序列存入 MySQL 的 yuqing 数据库中，请在 yuqing 数据库中创建一张名为 case1 的表，属性字段为发帖时间、节点序号、发帖量、转发量、点赞量和评论量，其中发帖时间为主键。即分别为 release_date date primary key, node int, posting_num int, forwarding_num int, likes_num int, comments_num int。

分析与思路：首先，连接数据库 yuqing，然后显示该数据库中现有哪些表；其次，如果没有该数据表则创建；最后，再次显示数据库中的表，检验数据表创建是否成功。

1. 连接数据库

```
import pymysql as pms          #pms 是模块别名
# 连接 yuqing 数据库
conn =pms.connect(host='localhost',port=3306,db='yuqing',user='root',
          password='password123',charset='utf8mb4')
print("success!")
```

执行以上代码，连接 yuqing 数据库，如果成功，则输出 "success!"，如果不成功则报错。

2. 显示当前数据库中的数据表

```
# 利用数据库连接对象创建游标对象
cur=conn.cursor()
# 准备 SQL 操作命令字符串
str_show_table="'show tables'"
# 执行 SQL 操作
cur.execute(str_show_table)
# 得到查询结果元组
result=cur.fetchall()
print(result)
```

执行以上代码，如果成功，则显示当前数据库中的所有数据表名称元组，否则会报错。

3. 创建名为 case2 的数据表

```
# 创建游标对象
cur=conn.cursor()
```

```
# 准备 SQL 操作命令字符串
str_create_table='''
create table case2(release_date date primary key,
    node int,
    posting_num int,
    forwarding_num int,
    likes_num int,
    comments_num int);'''
# 执行创建数据表的 SQL 语句
cur.execute(str_create_table)
# 提交任务
conn.commit()
```

执行以上代码，如果成功，则返回 1，不成功则报错。

4. 显示当前数据库中的数据表

执行 3. 的代码，如果成功则可以用 2. 的代码再次显示数据库 yuqing 中的数据表，此时，多了一张名为 case2 的数据表。

    (('case1',),('case2',))

实践题目 2　删除数据表

【问题描述】yuqing 数据库中的 case1 数据表中的数据已经备份，现在需要将其从 yuqing 数据库中删除，请编写程序将名称为 case2 的数据表删除。

删除数据表的方法与删除数据库的方法类似，SQL 语句的命令动词相同，关键词稍有区别，代码如下：

```
cur=conn.cursor()
str_drop_table='''drop table case2'''
cur.execute(str_drop_table)
conn.commit()
```

以上代码如果执行成功，返回 0，否则报错。为了进一步确认已经删除，可以再次显示当前数据库中的数据表，结果如下：

    (('case1',),)

小结：以上训练题目已经覆盖了数据表操作所涉及的数据库连接，表的增、删和查，还有修改表名称及全局属性操作，只要将命令动词改为 alter 即可，SQL 语句的写法，读者可进一步查阅 MySQL 用户手册。Python 操作 MySQL 数据表的基本流程方法都是一样的，在上个实践小结中已经说明。

实践 4　MySQL 数据记录操作

实践题目 1　将 Excel 数据导入数据表

【问题描述】已经从互联网上采集了一批微博舆情数据，保存在 Excel 文件里，请将其转存到 yuqing 数据库的 case1 表中。

分析与思路：Python 的 MySQL 数据库接口没有操作 Excel 文件的相关语句，但是

MySQL 可以导入 CSV 文件，这里只要将 Excel 文件另存成 CSV 文件，就可以用 MySQL 的导入外部数据功能了；当然也可以用 pandas 来操作，一方面用 pandas 的 Excel 读取对象，读取 Excel 文件到 pandas 数据框，另一方面用 Python 另一个数据库接口 sqlalchemy 创建数据库引擎对象连接 MySQL，然后将数据框中的数据写入数据库表中。

方法一：MySQL Workbench 导入。

此处，MySQL Workbench 仅仅是 DBMS 其中一个管理工具而已，也可以用 Navicat 或者 SQLyog 等工具导入工作簿数据。

1. Excel 工作簿转 CSV 文件

打开 Excel 工作簿，另存为 CSV（逗号分隔）文件，编码格式选择 UTF-8，如图 8-13 所示。

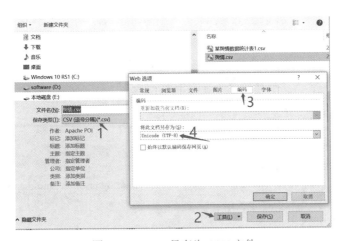

图 8-13　Excel 另存为 CSV 文件

2. MySQL 导入 CSV 数据

打开 MySQL 数据库管理工具 MySQL Workbench，在数据库导航中找到 yuqing 数据库的 case1 表，右击，在弹出的快捷菜单中选择 Table Data Import Wizard 命令，如图 8-14 左图所示，找到刚转换的 CSV 文件，进入下一步，选择已有数据表 yuqing.case1，进入下一步，到如图 8-14 右图所示界面，检查编码格式、字段对应关系，如果没问题，单击 Next 按钮，进入导入任务清单，单击 Next 按钮，然后单击 Finish 按钮。在脚本窗口输入 "use yuqing ;select * from case1;" 进行查询，输出窗口就能看到 Excel 工作簿里的数据了。

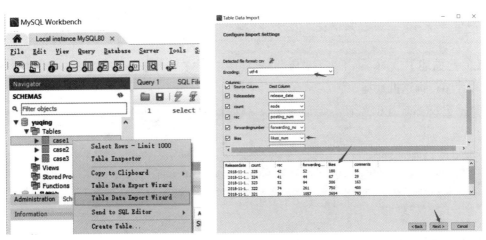

图 8-14　数据入库

方法二：Pandas 库导入数据表。

1. 导入数据库接口模块创建数据库引擎对象

```
# 导入接口库
import sqlalchemy as sqla          #sqla 是模块别名
# 创建 MySql 数据库引擎对象 db
db= sqla.create_engine('mysql+pymysql://root:password123@localhost:3306/yuqing?charset=utf8')
print("success!")
```

执行以上代码，连接数据库服务器，如果成功，则输出"success!"，如果不成功则报错。数据库引擎对象的通用创建语句为：

```
db= sqla.create_engine('mysql+pymysql:// 数据库名称 : 数据库密码 @IP 地址 : 端口号 / 数据库
名称 ?charset=utf8')
```

2. 导入 pandas 模块读入 Excel 数据

```
# 导入数据分析模块 pandas
import pandas as pd                    #pd 是模块别名
sExcelFile=" 某舆情数据统计表 .xlsx"      #Excel 文件路径
# 读取 Excel 工作表到 pandas 数据框
sdf =pd.read_excel(sExcelFile,sheet_name="sheet1")

# 数据属性调整和对齐
name1=['Raleasedate','count','rec','forwardingnumber','likes','comments']
names = ['release_date', 'node', 'posting_num','forwarding_num','likes_num','comments_num']
sdf1=sdf.rename(columns={
    'Releasedate':'release_date',
    'count':'node',
    'rec': 'posting_num',
    'forwardingnumber':'forwarding_num',
    'likes':'likes_num',
'comments':'comments_num'})

# 将 pandas 数据框数据写入数据库的 case1 数据表中
sdf1.to_sql(name = 'case1',con = db,index=False,if_exists = "replace")
print("success!")
```

执行以上代码，如果成功，则输出"success!"，跟方法一相同，浏览 case1 表时能看到数据，否则会报错。

实践题目 2　查询节点大于 240 的数据

【问题描述】欲对 case1 表里的舆情数据中节点序号大于 240 的数据记录进行分析，请编写程序查询这批数据。

数据记录查询用 SQL 命令动词 select，代码如下：

```
# 连接数据库
import pymysql as pms              #pms 是模块别名
conn =pms.connect(host='localhost',port=3306,db='yuqing',user='root',
        password='password123',charset='utf8mb4')
# 创建游标对象
cur=conn.cursor()
# data1=('2018-11-11 00:00:00.0',334,102,4,53,32)
```

```
str_insert="'insert into case1(release_date,node,posting_num,forwarding_num,
    likes_num,comments_num) values('2018-11-11 00:00:00.0',334,102,4,53,32)
        "'
# 查询全部数据
str_query="select * from case1 where node>240"
cur.execute(str_query)

# 遍历数据（存放到元组中）
row = cur.fetchall()
for x in row:
    print(x)

conn.commit()
```

查询结果部分数据如图 8-15 所示。

```
('2018-11-10 22:00:00.0', 325, 42, 52, 180, 66)
('2018-11-10 21:00:00.0', 324, 41, 44, 67, 29)
('2018-11-10 20:00:00.0', 323, 52, 94, 306, 163)
('2018-11-10 19:00:00.0', 322, 74, 261, 750, 400)
('2018-11-10 18:00:00.0', 321, 39, 1057, 3654, 793)
('2018-11-10 17:00:00.0', 320, 27, 33, 55, 55)
('2018-11-10 16:00:00.0', 319, 46, 272, 1164, 382)
('2018-11-10 15:00:00.0', 318, 32, 112, 272, 147)
```

图 8-15　查询结果部分数据

实践题目 3　统计某时段的总发帖量

【问题描述】欲对 case1 表里 2018-11-10 零点以后总发帖量进行统计，请编写程序实现此功能。

这是 select 语句的统计聚合功能，用 sum() 函数对 2018-11-10 零点以后每小时的发帖量进行累加求和，代码如下：

```
# 连接数据库
import pymysql as pms      #pms 是模块别名
conn =pms.connect(host='localhost',port=3306,db='yuqing',user='root',
            password='password123',charset='utf8mb4')
# 创建游标对象
cur=conn.cursor()

# 设定时间范围
time1="2018-11-10 00:00:00"
str_query="'select sum(posting_num) from case1 where release_date>=%s;'"
cur.execute(str_query,(time1))

# 遍历数据（存放到元组中）
row = cur.fetchall()
for x in row:
    print(x)

conn.commit()
```

查询结果元组为：

```
(Decimal('808'),)
```

实践题目 4   添加 1 条数据

【问题描述】对网络采集到的舆情时序数据，每隔 1 小时统计聚合一次，写入数据库，请编写程序，将 2018-11-11 零点的统计数据 '2018-11-11 00:00:00.0',334,102,4,53,32 添加到 case1 数据表中，分别对应字段 release_date, node,posting_num, forwarding_num, likes_num, comments_num。

添加 1 条数据用 SQL 命令动词 insert，代码如下：

```
# 连接数据库
import pymysql as pms          #pms 是模块别名
conn =pms.connect(host='localhost',port=3306,db='yuqing',user='root',
            password='password123',charset='utf8mb4')
# 创建游标对象
cur=conn.cursor()
# data1=('2018-11-11 00:00:00.0',334,102,4,53,32)
str_insert='''insert into case1(release_date,node,posting_num,forwarding_num,
    likes_num,comments_num) values('2018-11-11 00:00:00.0',334,102,4,53,32)
        '''
cur.execute(str_insert)


# 查询是否添加成功
str_query='''select * from case1 where release_date="2018-11-11 00:00:00.0"'''
cur.execute(str_query)
result=cur.fetchall()
conn.commit()
print(result)
```

以上代码如果执行成功，返回记录元组，否则报错。

(('2018-11-11 00:00:00.0', 334, 102, 4, 53, 32),)

实践题目 5   修改 1 条数据

【问题描述】有时候调整网络数据的采集周期，不可避免地会更新统计数据，请编写程序更新 2018-11-11 零点的数据 posting_num,forwarding_num,likes_num, comments_num 为 120,15,35,80。

修改 1 条数据用 SQL 命令动词 update，按照关键字发帖日期进行检索，核心代码如下：

```
str_update='''update case1 set posting_num=%s,forwarding_num=%s,likes_num=%s,
comments_num=%s where release_date=%s;
    '''
cur.execute(str_update,(120,15,35,80,'2018-11-11 00:00:00.0'))
```

实践题目 6   删除 1 条数据

【问题描述】有时候一些极点数据需要查询后踢出，请编写程序剔除 2018-11-11 零点的数据。

删除一条数据用 SQL 命令动词 delete，按照关键字发帖日期进行检索，核心代码如下：

```
str_delete='''delete from case1 where release_date=%s;
    '''
cur.execute(str_delete,('2018-11-11 00:00:00.0'))
```

实践题目 7　添加批量数据

【问题描述】请编写程序把采集到的数据批量添加到 case1 数据表中。批量数据如下：

('2018-11-11 08:00:00.0', 326, 101, 20, 100, 22)

('2018-11-11 07:00:00.0', 327, 39, 31, 120, 103),

('2018-11-11 06:00:00.0', 328, 160, 23, 112, 109),

('2018-11-11 05:00:00.0', 329, 170, 50, 11, 15),

('2018-11-11 04:00:00.0', 330, 30, 10, 20, 18),

('2018-11-11 03:00:00.0', 331, 15,10, 10, 10),

('2018-11-11 02:00:00.0', 332, 17, 10, 20, 20),

不论多少条数据，添加数据都用 SQL 命令动词 insert，批量数据需要先打包成元组列表，然后用游标的 executemany() 方法写入数据库中，核心代码如下：

```
# 创建游标对象
cur=conn.cursor()
# 数据准备
data2=[
('2018-11-11 08:00:00.0', 326, 101, 20, 100, 22),
('2018-11-11 07:00:00.0', 327, 39, 31, 120, 103),
('2018-11-11 06:00:00.0', 328, 160, 23, 112, 109),
('2018-11-11 05:00:00.0', 329, 170, 50, 11, 15),
('2018-11-11 04:00:00.0', 330, 30, 10, 20, 18),
('2018-11-11 03:00:00.0', 331, 15,10, 10, 10),
('2018-11-11 02:00:00.0', 332, 17, 10, 20, 20)
]
#SQL 命令字符串
str_insert='''insert into case1 values(%s,%s,%s,%s,%s,%s);'''
cur.executemany(str_insert,data2)
conn.commit()
```

小结：以上训练题目已经覆盖了对数据记录的增、删、改和查等动作，虽然对批量数据记录的删、改操作没有仔细讲解，但读者可以参考批量添加的例子自己进行测试总结。对于数据记录的操作需要注意：① SQL 命令字符串最好用三引号包含；② SQL 字符串中的变量引用都采用 %s 格式；③数据库操作出错是很常见的，因此程序中设计异常捕获非常必要，读者可以在实际工作中研究添加，以提高程序的健壮性，提供更好的用户体验。

本章小结

通过对 MySQL 数据库的下载安装部署和库、表及记录的实践训练，熟练掌握数据库操作的流程和方法，熟悉 MySQL 的 SQL 命令语句集。

第 9 章　Python 数据分析初步

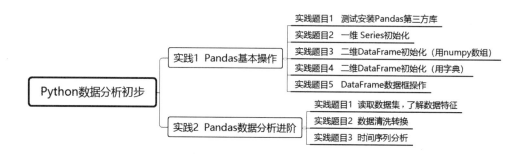

	实践题目1　测试安装Pandas第三方库
实践1 Pandas基本操作	实践题目2　一维 Series初始化
	实践题目3　二维DataFrame初始化（用numpy数组）
	实践题目4　二维DataFrame初始化（用字典）
	实践题目5　DataFrame数据框操作

Python数据分析初步

	实践题目1　读取数据集，了解数据特征
实践2 Pandas数据分析进阶	实践题目2　数据清洗转换
	实践题目3　时间序列分析

实践导读

　　Python 的第三方库 Pandas 非常适合对海量异构数据进行快捷处理，不需要像数据库操作那样先安装 DBMS，因此其在数据分析中占有非常重要的地位，也发挥着非常重要的作用。本章以 Pandas 数据分析为例进行训练，通过实践项目，读者进一步了解面对海量数据从哪里下手、怎么下手，用什么工具等知识，掌握如何用工具来分析数据、挖掘信息以及最终解决问题等技能。

　　本章的主要知识点如下：

- Pandas 库的查看和安装。
- Pandas 的数据结构。
- Pandas 的重要方法和函数。

实践目的

- 掌握 Pandas 库的查看和安装方法。
- 熟悉 Pandas 的一维数据结构和二维数据结构。
- 熟练掌握数据分析的基本流程。
- 熟练运用 Pandas 常用函数进行数据分析。

实践 1　Pandas 基本操作

首先查看系统中是否安装有 Pandas 库，如果没有则安装。

实践题目 1　测试安装 Pandas 第三方库

　　可以在命令字符下输入 pip list，或者在 Jupyter 中输入 !pip list，显示系统中已安装的第三方库，如图 9-1 所示。进入 Python 编程环境，输入命令 import pandas，运行。如果不报错，说明已经安装了 Pandas 库，如果报错，说明没有安装。如果没有安装，可在命令提示符下输入 pip install pandas，或者在 Jupyter 中输入 !pip install pandas 进行安装，图 9-2 显示系统中已安装了 Pandas 库。

图 9-1　查看已安装库

图 9-2　下载安装测试 Pandas 库

实践题目 2　一维 Series 初始化

【问题描述】输入一个列表，构造 Pandas 一维 Series 数据对象，以字母序列为其索引值，并取索引为 D 的值。

【输入形式】

从键盘输入一列数，用逗号隔开，输入索引字母，用逗号隔开。

【输出形式】

带索引的 Series 和索引号 D 所对的值。

【样例输入】

1,3,4,5,7

D,A,W,E,A

【样例输出】

D　1

A　3

W　4

E　5

A　7

dtype: object

1

分析：Pandas 的一维数据结构与列表相比增加了索引，默认情况是 0、1、2…序列，索引大大提高了 Pandas 对数据的检索和计算速度，索引也可以人为设定，本问题以字母 A、B、C、…为索引，可以用 index 参数给定，也可以直接用列表给定。

参考代码：

```
import pandas as pd
s1=input().split(",")
```

```
i1=input().split(",")
s=pd.Series(s1,i1)
print(s)
print(s['D'])
```

程序运行结果如下：

1,3,5,6,7,9

A,C,X,D,E,W

A	1
C	3
X	5
D	6
E	7
W	9

dtype: object

6

Pandas 的 Series 与列表很相似，但是它的索引非常灵活，同时它又继承了 numpy 的数组、向量特性，方便进行矩阵、矢量运算。

实践题目 3　二维 DataFrame 初始化（用 numpy 数组）

【问题描述】构造一个以日期为索引的 Pandas 随机数数据框，从键盘输入初始日期、数据框的大小、随机数的范围、以字母为标题的列索引，打印输出数据框。

【输入形式】

从键盘输入一行数据、起始日期、日期周期、数据框的行列尺寸、随机数范围、数据框列索引字母序列（与列宽一致），用逗号隔开。

【输出形式】

满足条件的数据框。

【样例输入】

20220315,7,4,10,100,ABCD

【样例输出】

	A	B	C	D
2022-03-15	66	97	84	95
2022-03-16	27	86	80	74
2022-03-17	19	46	77	79
2022-03-18	60	69	48	14
2022-03-19	44	12	44	72
2022-03-20	11	23	12	95
2022-03-21	55	40	92	31

分析：该问题技术关键在产生随机数、配置数据框的行列索引，用到 numpy 的 random 库的 randint 方法。

```
randint(low, [high=None], [size=None],[dtype=int])
```

其中，参数 low 为最小值，high 为最大值，[low,high)，如果没有 high，默认范围 [0,low)；参数 size 为数组维度，是可选项，如果不设置，则仅生成一个随机整数，如果想生成多个随机整数，则需要用一个元组来指定随机整数数组的维度；dtype 为数据类型，默认的数据类型是 np.int。生成数据框用 pandas 的 DataFrame 方法。

```
DataFrame( data, [index],[columns],[dtype],[copy])
```

其中，data 必需：数据序列，如 ndarray 数组、series 数据、map 序列、lists 列表、dict 字典等类型。index 可选：行索引，或者可称为行标签。columns 可选：索引，或者可称为列标签，默认为 RangeIndex(0,1,2,...,n)。dtype 可选：数据类型。copy 可选：复制数据，默认为 False。

自然语言算法描述：

S1：输入参数序列，用逗号隔开。

S2：拆分字符串，放入参数列表。

S3：生成日期索引。

S4：生成随机数矩阵。

S5：生成数据框。

S6：打印输出数据框。

参考代码：

```
import numpy as np
import pandas as pd

# 20220315,7,4,10,100,ABCD
in1=input().split(',')
index_dates = pd.date_range(in1[0], periods=int(in1[1]))
data1=np.random.randint(int(in1[3]),int(in1[4]),size=[int(in1[1]),int(in1[2])])
df1 = pd.DataFrame(data1,index=index_dates,columns=list(in1[5]))
print(df1)
```

实践题目 4　二维 DataFrame 初始化（用字典）

【问题描述】构造以默认数字为索引的含 10 个学生的成绩单，以学号、姓名、数学、英语、计算机、平均值、等级、评价为标题的列索引，定制每一列的数据，打印输出数据框。要求：

学号为列表：['2021160001',...,'2021160010']。

姓名为姓和名的随机组合：["","",""]。

数学为 pandas 数据系列：series 40 ~ 100 的随机数。

英语为 numpy 数组：array 60 ~ 100。

计算机为元组：(95,55,67,74,77,88,85,87,99,96)。

平均值默认为统一浮点数：96.5。

等级为列表随机字母：A、B、C、D、E。

评价类别与等级对应：优秀、良好、中等、及格、不及格。

提示：姓从"百家姓 .txt"文件中读取，是一个以空格隔开的字符串，将此字符串转换成列表，然后随机取姓氏；名从"名字 .txt"文件中读取，处理方法与姓相同，最后把二者连接生成姓名。

分析：该问题技术关键在产生随机数、随机字母、随机姓名、配置数据框的列索引，给数据框每一不同属性列赋值的不同方法，用字典创建数据框。

自然语言算法描述：

S1：数据准备，用不同方法构建学号列、姓名列、数学成绩列、英语成绩列、计算机成绩列、平均成绩列、等级列、评价列等不同列。

S2：数据装填，用字典构建数据框。

S3：打印输出。

参考代码：

```python
# 导入工具包
import numpy as np
import pandas as pd
import random

# 产生学号列表
Sno=list(map(str,range(2021160001,2021160011)))
# print(Sno)

# 产生姓名列表
f1=open(" 百家姓 .txt",mode='r',encoding='utf-8')    # 打开（文件、方式、编码）
x=f1.read().split(' ')                              # 从文件读出姓氏字符串，按空格拆分后映射到列表
f1.close()
lx=len(x)

f2=open(" 名字 .txt",mode='r',encoding='utf-8')      # 打开（文件、方式、编码）
m=f2.read().split(' ')                              # 从文件读出名字字符串，按空格拆分后映射到列表
f2.close()
lm=len(m)

Name=[]
for i in range(10):
    xx=x[random.randint(0,lx-1)]                    # 随机取姓
    mm=m[random.randint(0,lm-1)]                    # 随机取名
    Name.append(xx+mm)                              # 组合姓名

# 随机生成数学成绩系列
s1=np.random.randint(40,100,size=[10,10])
math_score=pd.Series([random.randint(40,100) for i in range(10)],
            index=list(range(10)),dtype='float32')

# 随机生成英语成绩数组
English_score=np.array([random.randint(60,100) for i in range(10)],dtype='int32')

# 给定计算机成绩元组
computer_score=(95,55,67,74,77,88,85,87,99,96)
print(computer_score)

# 给定平均分
average_score=96.5

# 构建等级评价数据字典
dict1={1:'A',2:'B',3:'C',4:'D',5:'E'}
```

```
dict2={'A':' 优秀 ','B':' 良好 ','C':' 中等 ','D':' 及格 ','E':' 不及格 '}

# 初始化等级评价
grade=[dict1[random.randint(1,5)] for i in range(10)]
evaluate=[dict2[grade[i]] for i in range(10)]

# 构建数据框
df2 = pd.DataFrame({' 学号 ':Sno,
            ' 姓名 ':Name,
            ' 数学 ':math_score,
            ' 英语 ':English_score,
            ' 计算机基础 ':computer_score,
            ' 平均分 ': average_score,
            ' 等级 ':grade,
            ' 评价 ':evaluate})

print(df2)
# 20220315,7,4,10,100,ABCD
in1=input().split(',')
index_dates = pd.date_range(in1[0], periods=int(in1[1]))
data1=np.random.randint(int(in1[3]),int(in1[4]),size=[int(in1[1]),int(in1[2])])
df1 = pd.DataFrame(data1,index=index_dates,columns=list(in1[5]))
print(df1)
```

程序运行结果如图 9-3 所示。

	学号	姓名	数学	英语	计算机基础	平均分	等级	评价
0	2021160001	乐言	40.0	67	95	96.5	A	优秀
1	2021160002	卓严谨	91.0	89	55	96.5	B	良好
2	2021160003	昌盟	61.0	87	67	96.5	B	良好
3	2021160004	龙艳英	49.0	93	74	96.5	D	及格
4	2021160005	公夏杨	87.0	64	77	96.5	A	优秀
5	2021160006	戴扶南	61.0	76	88	96.5	D	及格
6	2021160007	宰父永葆	60.0	90	85	96.5	A	优秀
7	2021160008	呼延辽南	100.0	65	87	96.5	B	良好
8	2021160009	伍科瑞	69.0	64	99	96.5	A	优秀
9	2021160010	浦仁智	57.0	61	96	96.5	E	不及格

图 9-3　程序运行结果（初始化）

本题充分体现了 Pandas 数据框数据结构的灵活性，使用 Pandas 的 DataFrame 可快速创建富含各种数据类型的测试数据集。

实践题目 5　DataFrame 数据框操作

【问题描述】给定一个 10000×5 的学生成绩单，列标题为学号、姓名、数学、英语、计算机基础，行索引为自然数 0、1、2…，请编写程序增加一列 "平均分"，计算三科的平均分，增加一列 "等级"，给出相应等级 "A、B、C、D、E"，再增加一列 "评价"，赋予相应的评价 "优秀、良好、中等、及格、不及格"，对整个成绩单进行统计分析：各科平均分、最大分、最小分，统计各个等级评价的人数，查询学号为 "2021160123" 的学生成绩单，对其分数进行修改，并修改相应等级评价。

【输入形式】

参考实践题目 4，产生一个数据框，学号为 2021160000 ～ 2021169999，姓名随机产生，字数为 3 ～ 5 个，各科成绩为 40 ～ 100，随机产生。

【输出形式】

增、筛、改操作的结果。

分析：针对本问题，用到 Pandas 的增、筛、改操作，查询统计聚合等方法和函数、字典数据结构、函数的定义和调用等知识点。

1. 产生成绩单

参考代码：

```python
# 导入工具包
import numpy as np
import pandas as pd
import random

# 产生学号列表
Sno=list(map(str,range(2021160000,2021170000)))

# 产生姓名列表
f1=open(" 百家姓 .txt",mode='r',encoding='utf-8')     # 打开（文件、方式、编码）
x=f1.read().split(' ')                                # 从文件读出字符串映射到列表
f1.close()
lx=len(x)

f2=open(" 名字 .txt",mode='r',encoding='utf-8')       # 打开（文件、方式、编码）
m=f2.read().split(' ')                                # 从文件读出字符串映射到列表
f2.close()
lm=len(m)

Name=[]
for i in range(10000):
    xx=x[random.randint(0,lx-1)]          # 随机取姓
    mm=m[random.randint(0,lm-1)]          # 随机取名
    Name.append(xx+mm)                    # 组合姓名

# 随机生成数学成绩系列
math_score=pd.Series([random.randint(40,100) for i in range(10000)],
                index=list(range(10000)),dtype='float32')

# 随机生成英语成绩数组
English_score=np.array([random.randint(40,100) for i in range(10000)],dtype='int32')

# 给定计算机成绩元组
computer_score=tuple(random.randint(40,100) for i in range(10000))

# 构建数据框
df2 = pd.DataFrame({' 学号 ':Sno,
            ' 姓名 ':Name,
            ' 数学 ':math_score,
            ' 英语 ':English_score,
            ' 计算机基础 ':computer_score})
print(df2.shape)
df2.head(5)
```

程序运行结果如图 9-4 所示。

(10000,5)

	学号	姓名	数学	英语	计算机基础
0	2021160000	昌玉成	97.0	87	68
1	2021160001	蔚美	75.0	99	93
2	2021160002	祁端	80.0	82	43
3	2021160003	许萌	93.0	43	75
4	2021160004	边安凉	69.0	98	83

图 9-4　程序运行结果（产生成绩单）

2. 增加平均分列并计算平均分

采用 apply 方法进行计算，用 round 小数点后取 1 位小数，参考代码如下：

```
df2[" 平均分 "]=df2[[" 数学 "," 英语 "," 计算机基础 "]].apply(
    lambda x:(x[" 数学 "]+x[" 英语 "]+x[" 计算机基础 "])/3,axis=1)
df2[" 平均分 "]=df2[" 平均分 "].round(1)
df2.head(5)
```

程序运行结果如图 9-5 所示。

	学号	姓名	数学	英语	计算机基础	平均分
0	2021160000	昌玉成	97.0	87	68	84.0
1	2021160001	蔚美	75.0	99	93	89.0
2	2021160002	祁端	80.0	82	43	68.3
3	2021160003	许萌	93.0	43	75	70.3
4	2021160004	边安凉	69.0	98	83	83.3

图 9-5　程序运行结果（增加平均分列）

3. 增加等级列并根据平均分给出结果

采用 loc 函数的关系表达式进行筛选，然后赋值，参考代码如下：

```
df2.loc[(df2[' 平均分 ']<60),' 等级 ']='E'
df2.loc[(df2[' 平均分 ']>=60) & (df2[' 平均分 ']<70),' 等级 ']='D'
df2.loc[(df2[' 平均分 ']>=70) & (df2[' 平均分 ']<80),' 等级 ']='C'
df2.loc[(df2[' 平均分 ']>=80) & (df2[' 平均分 ']<90),' 等级 ']='B'
df2.loc[(df2[' 平均分 ']>=90),' 等级 ']='A'
df2.head(5)
```

程序运行结果如图 9-6 所示。

	学号	姓名	数学	英语	计算机基础	平均分	等级
0	2021160000	昌玉成	97.0	87	68	84.0	B
1	2021160001	蔚美	75.0	99	93	89.0	B
2	2021160002	祁端	80.0	82	43	68.3	D
3	2021160003	许萌	93.0	43	75	70.3	C
4	2021160004	边安凉	69.0	98	83	83.3	B

图 9-6　程序运行结果（增加等级列）

4. 增加评价列并根据等级给出评价结果

构建评价字典，采用 apply 方法进行计算，给出评价结果，参考代码如下：

```
dict2={'A':' 优秀 ','B':' 良好 ','C':' 中等 ','D':' 及格 ','E':' 不及格 '}
```

```
df2[" 评价 "]=df2[[" 等级 "]].apply(lambda x:dict2[x[" 等级 "]],axis=1)
df2.head(5)
```

程序运行结果如图 9-7 所示。

	学号	姓名	数学	英语	计算机基础	平均分	等级	评价
0	2021160000	昌玉成	97.0	87	68	84.0	B	良好
1	2021160001	蔚美	75.0	99	93	89.0	B	良好
2	2021160002	祁端	80.0	82	43	68.3	D	及格
3	2021160003	许萌	93.0	43	75	70.3	C	中等
4	2021160004	边安凉	69.0	98	83	83.3	B	良好

图 9-7　程序运行结果（增加评价列）

5. 对成绩单的整体成绩分布做统计分析

用 Pandas 的 describe() 函数可以给出数据集的统计特性，包括各个字段的最大值、最小值、平均值、方差、中位数、25% 分位数、75% 分位数和标准差等统计特征，程序运行结果如图 9-8 所示。

```
df2.describe()
```

	数学	英语	计算机基础	平均分
count	10000.000000	10000.000000	10000.000000	10000.000000
mean	70.043098	70.216500	69.940800	70.067030
std	17.604099	17.633318	17.401683	10.034016
min	40.000000	40.000000	40.000000	41.000000
25%	55.000000	55.000000	55.000000	62.700000
50%	70.000000	70.000000	70.000000	70.000000
75%	85.000000	86.000000	85.000000	77.300000
max	100.000000	100.000000	100.000000	98.700000

图 9-8　程序运行结果（统计分析）

6. 按学号查找并修改相应属性

查找学号为"2021160123"的同学，显示其信息，得到行索引，然后修改，查询程序运行结果如图 9-9 所示。

```
df2[df2. 学号 =='2021160123']
```

	学号	姓名	数学	英语	计算机基础	平均分	等级	评价
123	2021160123	熊辽西	96.0	66	97	86.3	B	良好

图 9-9　程序运行结果（查找）

准备数据并修改，参考代码如下：

```
rec={}
rec[' 学号 ']='2021160123'
rec[' 姓名 ']=' 熊辽西 '
rec[' 数学 ']=99
rec[' 英语 ']=98
rec[' 计算机基础 ']=98
dict2={'A':' 优秀 ','B':' 良好 ','C':' 中等 ','D':' 及格 ','E':' 不及格 '}
def dengjpingj(dict1,dict2):
    avr=round((dict1[' 数学 ']+dict1[' 英语 ']+dict1[' 计算机基础 '])/3,1)
```

```
if avr<60:
    dj='E'
elif avr<70:
    dj='D'
elif avr<80:
    dj='C'
elif avr<90:
    dj='B'
else:
    dj='A'
pj=dict2[dj]
dict1[' 平均分 ']=avr
dict1[' 等级 ']=dj
dict1[' 评价 ']=pj
return dict1
df2.loc[123,:]=dengjpingj(rec,dict2)
```

显示索引为 123 的记录值，看是否修改成功（图 9-10）：

```
df3=df2[df2.index==123]
df3
```

	学号	姓名	数学	英语	计算机基础	平均分	等级	评价
123	2021160123	熊辽西	99	98		98	98.3	A	优秀

图 9-10　程序运行结果（修改）

7. 聚合统计各个等级的人数分布情况

用 groupby() 函数、count() 函数可实现各种聚合统计，程序运行结果如图 9-11 所示。

```
df4=df2.groupby(' 评价 ')[' 评价 ']
df4.count()
```

```
评价
不及格      1651
中等       3361
优秀        240
及格       3264
良好       1484
Name: 评价, dtype: int64
```

图 9-11　程序运行结果（聚合统计）

8. 往数据集中添加新记录

用 append() 函数可向表中添加新记录，行索引自动加 1，程序运行结果如图 9-12 所示。

```
rec={}
rec[' 学号 ']='2021170000'
rec[' 姓名 ']=' 李大海 '
rec[' 数学 ']=98
rec[' 英语 ']=99
rec[' 计算机基础 ']=100
dict2={'A':' 优秀 ','B':' 良好 ','C':' 中等 ','D':' 及格 ','E':' 不及格 '}
df2=df2.append(dengjpingj(rec,dict2),ignore_index=True)
print(df2.shape)
df2.tail(5)
(10001, 8)
```

	学号	姓名	数学	英语	计算机基础	平均分	等级	评价
9996	2021169996	佘念慈	49	86	97	77.3	C	中等
9997	2021169997	韶默涵	48	86	82	72	C	中等
9998	2021169998	陈舒心	63	78	95	78.7	C	中等
9999	2021169999	汤元	69	44	58	57	E	不及格
10000	2021170000	李大海	98	99	100	99	A	优秀

图 9-12　程序运行结果（添加新记录）

9. 删除数据集中的一条记录

一个学号为"2021169999"的学生已经退学，需从数据集删除，用 drop() 函数。删除之前可先查询该条记录，显示其索引号，然后按索引号删除记录，查询程序运行结果如图 9-13 所示。

```
df2[df2.学号 =="2021169999"]
```

	学号	姓名	数学	英语	计算机基础	平均分	等级	评价
9999	2021169999	汤元	69	44	58	57	E	不及格

图 9-13　程序运行结果（查询）

```
df2=df2.drop(index=9999,axis=0)
df2.shape
df2.tail(5)
(10000, 8)
```

可见删除记录后，总记录数少了 1，索引号为 9999 的记录已经被删除，其他都不变，如图 9-14 所示。

	学号	姓名	数学	英语	计算机基础	平均分	等级	评价
9995	2021169995	西门岳	82	79	66	75.7	C	中等
9996	2021169996	佘念慈	49	86	97	77.3	C	中等
9997	2021169997	韶默涵	48	86	82	72	C	中等
9998	2021169998	陈舒心	63	78	95	78.7	C	中等
10000	2021170000	李大海	98	99	100	99	A	优秀

图 9-14　程序运行结果（删除）

小结：本实践基本覆盖了 Pandas 数据操作的增、删、改、查、筛几方面的函数和方法。通过本实践，读者可以体会 Pandas 数据操作有与 Excel 相比拟的便携性、高效性，有比 Excel 更加丰富、强大的功能函数和方法。

实践 2　Pandas 数据分析进阶

实践题目 1　读取数据集，了解数据特征

【问题描述】已经从互联网上采集了一批微博舆情数据，文件格式为 CSV，请编写程序读入数据，了解数据集概况。

分析与思路：本问题涉及三个动作，pandas 读 CSV 文件，用 read_csv() 方法；查看字段情况，用 info() 方法；了解数据特征，用 describe() 方法。

1. pandas 读取 CSV 文件

```
import numpy as np
import pandas as pd
df = pd.read_csv("tongji_chu.csv",engine='python')
df.head()        # 查看数据前五行
```

程序运行结果如图 9-15 所示。

	Unnamed: 0	Releasedate	forwardingnumber	likes	comments
0	1	2018/10/28 10:45	0	2	1
1	2	2018/10/28 10:48	1	5	3
2	3	2018/10/28 11:03	0	3	6
3	4	2018/10/28 11:09	42	278	298
4	5	2018/10/28 11:09	42	278	298

图 9-15　程序运行结果（读取 CSV 文件）

2. 查看字段记录情况

```
df.info()      # 查看数据特征
```

程序运行结果如图 9-16 所示。

由此可见，本数据集共有 5 列 179046 行，其中 Unnamed 的列去掉，只留后 4 列，程序运行结果如图 9-17 所示。

```
df1=df.iloc[:,1:]
df1.head()
df1.describe()
```

```
<class 'pandas.core.frame.DataFrame'>
RangeIndex: 179046 entries, 0 to 179045
Data columns (total 5 columns):
Unnamed: 0            179046 non-null int64
Releasedate          179046 non-null object
forwardingnumber     179046 non-null int64
likes                179046 non-null int64
comments             179046 non-null int64
dtypes: int64(4), object(1)
memory usage: 6.8+ MB
```

图 9-16　程序运行结果（查看字段记录）

	Releasedate	forwardingnumber	likes	comments
0	2018/10/28 10:45	0	2	1
1	2018/10/28 10:48	1	5	3
2	2018/10/28 11:03	0	3	6
3	2018/10/28 11:09	42	278	298
4	2018/10/28 11:09	42	278	298

图 9-17　程序运行结果（去掉 Unnamed 列）

3. 了解数据特征

了解数据集整体统计特征非常重要，便于对分析对象特征进行总体把握。程序运行结果如图 9-18 所示。

```
df1.describe()
```

	forwardingnumber	likes	comments
count	179046.000000	179046.000000	179046.000000
mean	9.248461	53.953744	18.721524
std	449.275431	3351.013018	933.415954
min	0.000000	0.000000	0.000000
25%	0.000000	0.000000	0.000000
50%	0.000000	0.000000	0.000000
75%	0.000000	1.000000	0.000000
max	133577.000000	708174.000000	245628.000000

图 9-18　程序运行结果（了解数据特征）

实践题目 2　数据清洗转换

【问题描述】对实践题目 1 读取的数据集去掉重复记录,对所有字段的缺失值进行标注,并将其转换成时间序列。

1. 数据集记录去重

Pandas 对数据集进行去重后需要重置索引,方便进行下一步的有效检索。程序运行结果如图 9-19 所示。

```
df1=df1.drop_duplicates(inplace = False)          # 去重
df1.reset_index(inplace = True,drop = True)        # 重置行索引
df1.shape
```

(56777, 4)

图 9-19　程序运行结果（去重）

2. 查看并补全缺失值

```
df1.isnull().any()        # 查看是否还有空值
# 填补缺失值
data=data.fillna(0)       # 用 0 填补缺失值
```

程序运行结果如图 9-20 所示。

```
Releasedate              False
forwardingnumber         False
likes                    False
comments                 False
dtype: bool
```

图 9-20　程序运行结果（补全缺失值）

由此可见,本数据集没有缺失值。如果有,可以用 fillna(标注值) 方法进行补全。

实践题目 3　时间序列分析

【问题描述】对实践题目 2 生成的时间序列分别以小时、天为周期进行聚合统计,并对发帖数、转发数、点赞数和评论数等数据绘制时变曲线和日变曲线。

分析与思路：由数据集的特征可知,转发数、点赞数和评论数都是已有字段,直接做聚合即可,但是发帖数没有,因为本数据集是采集的舆情发帖记录,每一条记录即为一次发帖数,因此,可以在原数据集另加一列,作为计数列,以此列进行统计聚合。

1. 添加发帖计数列

```
df1['posting']=1
```

2. 生成序列数据并排序

```
df2=df1[['Releasedate','posting','forwardingnumber','likes','comments']]
df2.sort_values(by=['Releasedate'],na_position='first')
df2.head()
```

程序运行结果如图 9-21 所示。

3. 生成时间序列并重置索引

```
df2['Releasedate']=pd.to_datetime(df2['Releasedate'])
df3=df2.set_index("Releasedate")
df3.head()
```

程序运行结果如图 9-22 所示。

	Releasedate	posting	forwardingnumber	likes	comments
0	2018/10/28 10:45	1	0	2	1
1	2018/10/28 10:48	1	1	5	3
2	2018/10/28 11:03	1	0	3	6
3	2018/10/28 11:09	1	42	278	298
4	2018/10/28 11:15	1	3673	4658	4598

图 9-21　程序运行结果（生成序列并排序）

Releasedate	posting	forwardingnumber	likes	comments
2018-10-28 10:45:00	1	0	2	1
2018-10-28 10:48:00	1	1	5	3
2018-10-28 11:03:00	1	0	3	6
2018-10-28 11:09:00	1	42	278	298
2018-10-28 11:15:00	1	3673	4658	4598

图 9-22　程序运行结果（生成序列并重置索引）

4. 对时间序列进行聚合分析

按小时统计发帖数、转发数、点赞数和评论数。

```
df4=df3.resample('H').sum()
df4.head()
```

程序运行结果如图 9-23 所示。

按天统计发帖数、转发数、点赞数和评论数。

```
df4=df3.resample('D').sum()
df4.head()
```

程序运行结果如图 9-24 所示。

Releasedate	posting	forwardingnumber	likes	comments
2018-10-28 10:00:00	2	1	7	4
2018-10-28 11:00:00	234	13168	28326	33518
2018-10-28 12:00:00	506	18550	18985	15422
2018-10-28 13:00:00	588	8300	25929	26719
2018-10-28 14:00:00	612	22563	1009648	361197

图 9-23　程序运行结果（聚合分析 1）

Releasedate	posting	forwardingnumber	likes	comments
2018-10-28	7427	171302	2707562	750731
2018-10-29	7451	169618	2007869	401643
2018-10-30	4890	100395	896047	226355
2018-10-31	2762	116529	465922	138740
2018-11-01	4641	182459	640980	203761

图 9-24　程序运行结果（聚合分析 2）

5. 对时间序列聚合结果进行可视化展示

为了让可视化图表看起来更加简洁，可以在可视化之前，给数据集再加一列，作为时间的标签，如节点 node，值为自然数。

```
node=np.arrange(len(df4))
df4['node']=node
```

可视化显示需要导入 matplotlib 库，以及中文字库，字库目录（如果是 Windows 系统）默认为 c:\windows\fonts\simsun.ttc，以小时为周期，进行可视化显示，效果如图 9-25 所示，其中，图 9-25（a）为发帖数时序，图 9-25（b）为转发数时序，图 9-25（c）为点赞数时序，图 9-25（d）为评论数时序，四个图放到一起，可使整个舆情的时序变化一目了然，为后续舆情分析研究提供参考和支持。

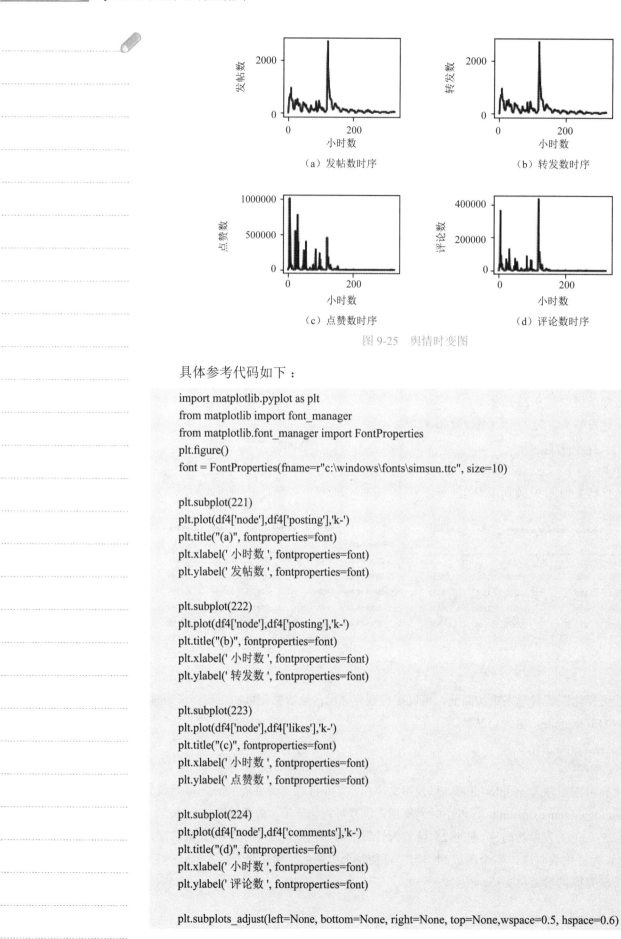

图 9-25　舆情时变图

具体参考代码如下：

```
import matplotlib.pyplot as plt
from matplotlib import font_manager
from matplotlib.font_manager import FontProperties
plt.figure()
font = FontProperties(fname=r"c:\windows\fonts\simsun.ttc", size=10)

plt.subplot(221)
plt.plot(df4['node'],df4['posting'],'k-')
plt.title("(a)", fontproperties=font)
plt.xlabel(' 小时数 ', fontproperties=font)
plt.ylabel(' 发帖数 ', fontproperties=font)

plt.subplot(222)
plt.plot(df4['node'],df4['posting'],'k-')
plt.title("(b)", fontproperties=font)
plt.xlabel(' 小时数 ', fontproperties=font)
plt.ylabel(' 转发数 ', fontproperties=font)

plt.subplot(223)
plt.plot(df4['node'],df4['likes'],'k-')
plt.title("(c)", fontproperties=font)
plt.xlabel(' 小时数 ', fontproperties=font)
plt.ylabel(' 点赞数 ', fontproperties=font)

plt.subplot(224)
plt.plot(df4['node'],df4['comments'],'k-')
plt.title("(d)", fontproperties=font)
plt.xlabel(' 小时数 ', fontproperties=font)
plt.ylabel(' 评论数 ', fontproperties=font)

plt.subplots_adjust(left=None, bottom=None, right=None, top=None,wspace=0.5, hspace=0.6)
```

用同样的方法还可以绘制日变图以及各个周期的时序变化图。

6. 结果数据集输出保存

分析好的标准数据集可以作为后续数据分析和决策支持的重要资料，需要保存为 CSV 文件或 XLSX 文件，其操作方法如下：

```
df4.to_csv("tongji_result.csv",header=True,index=True)
df4.to_excel("tongji_result.xlsx",header=True,index=True)
```

程序运行结果如图 9-26 所示。

```
Releasedate, posting, forwardingnumber, likes, comments, node
2018-10-28 10:00:00, 2, 1, 7, 4, 0
2018-10-28 11:00:00, 234, 13168, 28326, 33518, 1
2018-10-28 12:00:00, 506, 18550, 18985, 15422, 2
2018-10-28 13:00:00, 588, 8300, 25929, 26719, 3
2018-10-28 14:00:00, 612, 22563, 1009648, 361197, 4
2018-10-28 15:00:00, 710, 24879, 472630, 59679, 5
2018-10-28 16:00:00, 662, 9884, 715752, 91746, 6
2018-10-28 17:00:00, 626, 11290, 193371, 45608, 7
2018-10-28 18:00:00, 959, 11122, 39116, 21020, 8
2018-10-28 19:00:00, 591, 18866, 79718, 41688, 9
2018-10-28 20:00:00, 501, 9750, 37580, 23487, 10
2018-10-28 21:00:00, 474, 8637, 6674, 6523, 11
2018-10-28 22:00:00, 495, 10109, 58615, 14872, 12
2018-10-28 23:00:00, 467, 4183, 21211, 9248, 13
2018-10-29 00:00:00, 297, 2181, 11228, 3911, 14
```

（a）CSV 文件

Releasedate	posting	forwardingnumber	likes	comments	node
2018-10-28 10:00:00	2	1	7	4	0
2018-10-28 11:00:00	234	13168	28326	33518	1
2018-10-28 12:00:00	506	18550	18985	15422	2
2018-10-28 13:00:00	588	8300	25929	26719	3
2018-10-28 14:00:00	612	22563	1009648	361197	4
2018-10-28 15:00:00	710	24879	472630	59679	5
2018-10-28 16:00:00	662	9884	715752	91746	6
2018-10-28 17:00:00	626	11290	193371	45608	7
2018-10-28 18:00:00	959	11122	39116	21020	8
2018-10-28 19:00:00	591	18866	79718	41688	9
2018-10-28 20:00:00	501	9750	37580	23487	10
2018-10-28 21:00:00	474	8637	6674	6523	11
2018-10-28 22:00:00	495	10109	58615	14872	12
2018-10-28 23:00:00	467	4183	21211	9248	13
2018-10-29 00:00:00	297	2181	11228	3911	14

（b）XLSX 文件

图 9-26　分析结果数据输出到文件

小结：以上训练题目向读者展示了一个真实舆情数据集的整个分析处理过程，包括：数据读入；数据清洗转换，含重复值去除，空值、缺失值填补以及其他数据标准化等操作；数据时序分析；数据可视化解释；结果数据集输出保存等。

本章小结

通过实践 1，深入理解 Pandas 的两种数据结构，熟练掌握海量测试数据集的生成方法，Pandas 对数据集的增、删、改、查、筛以及变换等灵活多样的操作流程和方法；通过实践 2，进一步熟悉面对数据集，用 Pandas 进行数据分析、处理、解释和结果保存的完整流程和方法。Pandas 包的功能远远不止于此，更深入的理解和更广泛的应用需读者进一步学习探索。

第 10 章 Python 图形界面编程

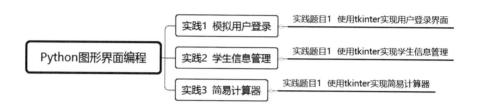

实践导读

在实际的 Python 应用项目开发中，会经常使用到图形界面编程，如果程序或软件带有菜单、文本框、按钮、单选按钮、复选框、下拉列表等图形用户界面（Graphical User Interface，GUI）组件，会使得软件的易用性大幅度提高。tkinter 是 Python 进行 GUI 开发的标准库，不需要额外的安装和配置，使用方便。本章通过实践题目的训练，使读者了解和掌握 tkinter 标准化的使用方法。

本章的主要知识点如下：

- tkinter 常用组件及其用途。
- tkinter 程序的工作过程。
- 使用 tkinter 创建组件以及设置属性的方法。
- 使用 tkinter 在窗体上指定位置放置组件的方法。

实践目的

- 了解 tkinter 常用组件及用途，理解 tkinter 程序的工作过程。
- 掌握使用 tkinter 创建组件以及设置属性的方法。
- 掌握使用 tkinter 在窗体上指定位置放置组件的方法。

实践 1 模拟用户登录

实践题目 1　使用 tkinter 实现用户登录界面

【问题描述】建立一个文本文件 users.txt，其中每一行存储一对用户名和密码，二者之间使用冒号分隔，例如 "admin1:111111"。用户输入名字和密码之后，单击 "登录" 按钮，根据文件 users.txt 中存储的信息判断用户输入是否正确，如果不正确，提示 "用户名或密码错误"，否则，提示 "登录成功！"。

用户登录界面及登录提示界面分别如图 10-1 和图 10-2 所示。

图 10-1　用户登录界面

图 10-2　登录提示界面

文件 users.txt 示例如图 10-3 所示。

图 10-3　文件 users.txt 示例

分析：使用 tkinter 创建应用程序窗口，创建文本框、按钮和简单消息框等组件并设置属性，结合文件操作实现用户名和密码的查找和判断。

参考代码：

```python
import tkinter
import tkinter.messagebox

# 创建应用程序窗口
root = tkinter.Tk()
root.title(' 登录界面 ')

# 定义窗口大小
root['height'] = 200
root['width'] = 250
```

```python
# 在窗口上创建标签组件
# 创建用户名标签
labelName = tkinter.Label(root,
            text=' 用户名 :',
            justify=tkinter.RIGHT,
            anchor = 'e',
            width=80)
# 把组件放置到窗口上指定区域
labelName.place(x=10, y=20, width=80, height=20)

# 创建字符串变量和文本框组件，同时设置关联的变量
# 可以通过关联变量来读取或修改文本框内的文本
# 创建用户名文本框
varName = tkinter.StringVar(root, value='')
entryName = tkinter.Entry(root,
            width=80,
            textvariable=varName)
entryName.place(x=100, y=20, width=80, height=20)

# 创建密码标签
labelPwd = tkinter.Label(root,
            text=' 密码 :',
            justify=tkinter.RIGHT,
            anchor = 'e',
            width=80)
labelPwd.place(x=10, y=60, width=80, height=20)

# 创建密码文本框
varPwd = tkinter.StringVar(root, value='')
entryPwd = tkinter.Entry(root,
            show='*',    # 不管输入什么，都显示星号
            width=80,
            textvariable=varPwd)
entryPwd.place(x=100, y=60, width=80, height=20)

# 登录按钮事件处理函数
def login():
  # 获取用户名和密码
  name = entryName.get()
  pwd = entryPwd.get()
  with open('users.txt', encoding='utf-8') as fp:
    for line in fp:
      userName, userPwd = line[:-1].split(':')    # 去除每行末尾的换行符 "\n"
      if name==userName and pwd==userPwd:
        tkinter.messagebox.showinfo(title=' 恭喜 ',
                    message=' 登录成功！ ')
        break
    else:
      tkinter.messagebox.showerror(' 警告 ',
                  message=' 用户名或密码错误 ')
# 创建按钮组件，同时设置按钮事件处理函数
```

```
buttonOk = tkinter.Button(root,
            text=' 登录 ',        # 设置按钮上显示的文本
            command=login)     # 设置按钮的单击事件处理函数
buttonOk.place(x=60, y=100, width=50, height=20)

# 取消按钮的事件处理函数
def cancel():
    # 清空用户输入的用户名和密码
    varName.set('')
    varPwd.set('')
buttonCancel = tkinter.Button(root,
            text=' 取消 ',
            command=cancel)
buttonCancel.place(x=120, y=100, width=50, height=20)

# 启动消息循环
root.mainloop()
```

实践 2　学生信息管理

实践题目 1　使用 tkinter 实现学生信息管理

【问题描述】创建一个包含文本框、单选按钮、复选框、组合框、按钮和列表框等组件的 GUI 应用程序，实现学生信息管理。运行应用程序后，输入学生姓名并选择学院、班级、性别以及是否是班长后，单击"添加"按钮，可将该学生信息添加到列表框中。在列表框中选择一项后，单击"删除"按钮，可将其从列表框中删除，没有选择任何项而直接单击"删除"按钮，则提示"请选择一项"。

学生信息管理界面、未选择任何项而直接删除的提示信息分别如图 10-4 和图 10-5 所示。

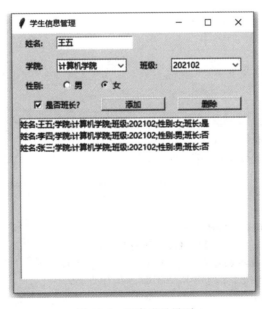

图 10-4　用户登录界面

图 10-5 删除提示信息

分析：综合运用 tkinter 单选按钮、复选框、组合框、列表框实现学生信息管理功能。单选按钮用来实现互斥的选择；组件的 bind() 方法用来绑定事件处理函数，如指定组合框上触发了选项被改变之后要执行的函数；动态为组合框设置 values 实现联动的效果，即改变学院组合框中内容时自动修改班级组合框中的内容。

参考代码：

```python
import tkinter
import tkinter.messagebox
import tkinter.ttk

# 创建 tkinter 应用程序
root = tkinter.Tk()
# 设置窗口标题
root.title(' 学生信息管理 ')
# 定义窗口大小
root['height'] = 400
root['width'] = 380

# 与姓名关联的变量
varName = tkinter.StringVar()
varName.set('')
# 创建标签，然后放到窗口上
labelName = tkinter.Label(root,
            text=' 姓名 :',
            justify=tkinter.RIGHT,
            width=50)
labelName.place(x=10, y=5, width=50, height=20)
# 创建文本框，同时设置关联的变量
entryName = tkinter.Entry(root,
            width=120,
            textvariable=varName)
entryName.place(x=70, y=5, width=120, height=20)

labelCollege = tkinter.Label(root,
            text=' 学院 :',
            justify=tkinter.RIGHT, width=50)
labelCollege.place(x=10, y=40, width=50, height=20)
# 模拟学生所在学院，字典键为学院，字典值为班级
studentClasses = {' 数学学院 ':['202101', '202102', '202103', '202104'],
        ' 物理学院 ':['202101', '202102'],
        ' 计算机学院 ':['202101', '202102', '202103']}
```

```
# 学生学院组合框
comboCollege = tkinter.ttk.Combobox(root,width=80,
                    values=tuple(studentClasses.keys()))
comboCollege.place(x=70, y=40, width=110, height=20)
# 事件处理函数
def comboChange(event):
    college = comboCollege.get()
    if college:
        # 动态改变组合框可选项
        comboClass["values"] = studentClasses.get(college)
    else:
        comboClass.set([])
# 绑定组合框事件处理函数
comboCollege.bind('<<ComboboxSelected>>', comboChange)

labelClass = tkinter.Label(root,
            text=' 班级 :',
            justify=tkinter.RIGHT, width=50)
labelClass.place(x=190, y=40, width=50, height=20)
# 学生班级组合框
comboClass = tkinter.ttk.Combobox(root, width=50)
comboClass.place(x=250, y=40, width=110, height=20)

labelSex = tkinter.Label(root,
            text=' 性别 :',
            justify=tkinter.RIGHT, width=50)
labelSex.place(x=10, y=70, width=50, height=20)
# 与性别关联的变量，1 为男；0 为女，默认为男
sex = tkinter.IntVar()
sex.set(1)
# 单选按钮，男
radioMan = tkinter.Radiobutton(root,
                variable=sex,
                value=1,
                text=' 男 ')
radioMan.place(x=70, y=70, width=50, height=20)
# 单选按钮，女
radioWoman = tkinter.Radiobutton(root,
                variable=sex,
                value=0,
                text=' 女 ')
radioWoman.place(x=130, y=70, width=50, height=20)

# 与是否班长关联的变量，默认当前学生不是班长
monitor = tkinter.IntVar()
monitor.set(0)
# 复选框，选中时变量值为 1，未选中时变量值为 0
checkMonitor = tkinter.Checkbutton(root,
                text=' 是否班长 ?',
                variable=monitor,
                onvalue=1,
                offvalue=0)
```

```
checkMonitor.place(x=20, y=100, width=100, height=20)

# 添加按钮单击事件处理函数
def addInformation():
    result = ' 姓名 :' + entryName.get()
    result = result + '; 学院 :' + comboCollege.get()
    result = result + '; 班级 :' + comboClass.get()
    result = result + '; 性别 :' + (' 男 ' if sex.get() else ' 女 ')
    result = result + '; 班长 :' + (' 是 ' if monitor.get() else ' 否 ')
    # 把信息插入到列表框组件中
    listboxStudents.insert(0, result)
buttonAdd = tkinter.Button(root,
            text=' 添加 ',
            width=110,
            command=addInformation)
buttonAdd.place(x=140, y=100, width=100, height=20)

# 删除按钮的事件处理函数
def deleteSelection():
    selection = listboxStudents.curselection()
    if not selection:
        tkinter.messagebox.showinfo(title=' 提示 ',
                    message=' 请选择一项 ')
    else:
        listboxStudents.delete(selection)
buttonDelete = tkinter.Button(root,
            text=' 删除 ',
            width=100,
            command=deleteSelection)
buttonDelete.place(x=260, y=100, width=100, height=20)

# 创建列表框组件
listboxStudents = tkinter.Listbox(root, width=360)
listboxStudents.place(x=10, y=130, width=360, height=250)

# 启动消息循环
root.mainloop()
```

实践 3　简易计算器

实践题目 1　使用 tkinter 实现简易计算器

【问题描述】编写程序，实现如图 10-6 所示的简易计算器，实现加、减、乘、除、整除、幂运算和平方根运算。单击 Clear 按钮时清除文本框中的表达式，单击 "=" 按钮时计算文本框中表达式的值。要求进行必要的错误检查，例如一个数字中不能包含多于一个的小数点、表达式中不能包含连续的运算符。

图 10-6　简易计算器程序运行界面

用户输入错误提示信息如图 10-7 所示。

图 10-7　用户输入错误提示信息

分析：使用按钮的单击操作实现表达式的输入，同时对用户输入进行检查并确保表达式有效；使用只读的 Entry 组件显示输入的表达式；使用内置函数 eval() 对输入的表达式求值。

参考代码：

```python
import re
import tkinter
import tkinter.messagebox

root = tkinter.Tk()
# 设置窗口大小和位置
root.geometry('300x270+400+100')
# 不允许改变窗口大小
root.resizable(False, False)
# 设置窗口标题
root.title(' 简易计算器 ')

# 放置用来显示信息的文本框，并设置为只读
contentVar = tkinter.StringVar(root, ")
contentEntry = tkinter.Entry(root, textvariable=contentVar)
contentEntry['state'] = 'readonly'
contentEntry.place(x=10, y=10, width=280, height=20)

# 按钮通用代码，参数 btn 表示单击的是哪个按钮
```

```
def buttonClick(btn):
    content = contentVar.get()
    # 如果已有内容是以小数点开头的，前面加 0
    if content.startswith('.'):
        content = '0' + content

    # 根据不同按钮做出相应的处理
    if btn in '0123456789':
        content += btn
    elif btn == '.':
        # 如果最后一个运算数中已经有小数点，就提示错误
        lastPart = re.split(r'\+|-|\*|/]', content)[-1]
        if '.' in lastPart:
            tkinter.messagebox.showerror(' 错误 ', ' 小数点太多了 ')
            return
        else:
            content += btn
    elif btn == 'C':
        # 清除整个表达式
        content = ''
    elif btn == '=':
        try:
            # 对输入的表达式求值
            content = str(eval(content))
        except:
            tkinter.messagebox.showerror(' 错误 ', ' 表达式错误 ')
            return
    elif btn in operators:
        if content.endswith(operators):
            tkinter.messagebox.showerror(' 错误 ',
                          ' 不允许存在连续运算符 ')
            return
        content += btn
    elif btn == 'Sqrt':
        n = content.split('.')
        if all(map(lambda x: x.isdigit(), n)):
            content = eval(content) ** 0.5
        else:
            tkinter.messagebox.showerror(' 错误 ', ' 表达式错误 ')
            return

    contentVar.set(content)

# 放置清除按钮和等号按钮
btnClear = tkinter.Button(root,
            text='Clear',
            command=lambda:buttonClick('C'))
btnClear.place(x=40, y=40, width=80, height=20)
btnCompute = tkinter.Button(root,
            text='=',
            command=lambda:buttonClick('='))
btnCompute.place(x=170, y=40, width=80, height=20)
```

```
# 放置 10 个数字、小数点和计算平方根的按钮
digits = list('0123456789.') + ['Sqrt']
index = 0
for row in range(4):
    for col in range(3):
        d = digits[index]
        index += 1
        btnDigit = tkinter.Button(root,
                    text=d,
command=lambda x=d:buttonClick(x))
        btnDigit.place(x=20+col*70,
                y=80+row*50,
                width=50,
                height=20)

# 放置运算符按钮
operators = ('+', '-', '*', '/', '**', '//')
for index, operator in enumerate(operators):
    btnOperator = tkinter.Button(root,
                text=operator,
                command=lambda x=operator:buttonClick(x))
    btnOperator.place(x=230, y=80+index*30, width=50, height=20)

# 启动消息循环
root.mainloop()
```

本章小结

通过本章的实践题目了解 tkinter 常用组件及用途，理解 tkinter 程序的工作过程，掌握使用 tkinter 创建组件以及设置属性的方法，掌握使用 tkinter 在窗体上指定位置放置组件的方法，能够使用 tkinter 完成简单的图形界面程序的编写。

第 11 章　Python 数据可视化

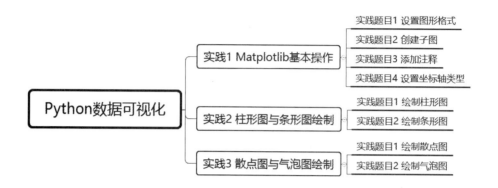

实践导读

可视化利用人眼的感知能力对数据进行交互的可视表达以增强认知。它将不可见或难以直接显示的数据转化为可感知的图形、符号、颜色、纹理等,提高数据识别效率,传递有效信息。利用 Python 的数据可视化库可以便捷地将数据可视化融入到数据科学的研究当中,而不需要进行任何的编程代码思路的切换。

Matplotlib 是 Python 数据可视化的核心拓展库,是其他 Python 可视化工具的基础。它提供了一整套与 Matlab 命令相似的 API,十分适合交互式地进行制图,而且它的文档完备,Gallery 页面有上百幅缩略图,附带源代码。使用 Matplotlib 的优势是可以实现跨平台的交互式图形可视化,并且在绘制矢量图时,给予用户大量的定制选项,实现对图形的深度定制。

本章的主要知识点如下:

- 利用 Matplotlib.pyplot 模块可以绘制多种不同的图形,并进行深度的定制化设计,包括坐标轴、标题、示意文本、坐标轴、子图等。
- 使用 Matplotlib.pyplot 模块中的 bar() 函数和 barh() 函数可以绘制柱形图和条形图。
- 使用 Matplotlib.pyplot 模块中的 scatter() 函数可以绘制散点图和气泡图。

实践目的

- 掌握 Matplotlib 绘制图形的基本方法,包括添加坐标轴、标题,保存图形,添加示意文本。
- 掌握包含多个子图的绘制方法和不同坐标轴的绘制。
- 掌握柱形图和条形图的绘制方法和参数设置。
- 掌握散点图和气泡图的绘制方法和参数设置。

实践 1　Matplotlib 基本操作

Matplotlib.pyplot 是使 Matplotlib 像 MATLAB 一样工作的函数的集合。每个 pyplot 函数都会对图形进行一些更改，例如创建一个图形，在图形中创建一个绘图区域，在绘图区域中绘制一些线条，用标签装饰该绘图等。

实践题目 1　请使用数组在一个命令中绘制具有不同格式的多个散点图。第一个散点图为 y=t，使用红色的破折号；第二个散点图为 y=t**2，使用蓝色的正方形；第三个散点图为 y=t**3，使用绿色的三角形。x 轴标题为 xlable，y 轴标题为 ylable，图标题为 My Figure1。保存图像为 png 格式，名称为 my_figure1

使用 NumPy 来生成数组 ndarray，然后利用 Matplotlib.pyplot 模块绘制图形，并添加 x 轴标题、y 轴标题和图形标题。使用 savefig() 函数可以将图像保存到本地文件夹中，支持保存的格式为 eps、pdf、pgf、png、ps、raw、rgba、svg、svgz。实现代码如下：

```python
import matplotlib.pyplot as plt
import numpy as np

t = np.arange(0, 5, 0.2)
plt.plot(t, t, 'r--', t, t**2, 'bs', t, t**3, 'g^')
plt.xlabel('xlabel')
plt.ylabel('ylabel')
plt.title('My Figure1')

plt.savefig('my_figure.png')
plt.show()
```

程序运行结果如图 11-1 所示。

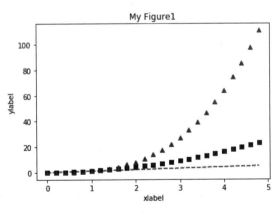

图 11-1　三种不同格式的散点图

实践题目 2　创建一个 2 行 1 列包含两个子图的图，自变量 t1 取值区间为 [0,5]，步长为 0.1；自变量 t2 取值区间为 [0,5]，步长为 0.02。第一个子图绘制数据点：f(t1)，格式为 bo；f(t2)，格式为 k。第二个子图绘制 np.cos(2*np.pi*t2)，格式为 "r--"

pyplot 模块中的 subplot() 方法可以在同一个图上创建多个子图，需要设置的参数有三个，分别是：

（1）nrows：图应该有的行数。

（2）ncols：图应该有的列数。

（3）fignum：图中特定图形的位置。

subplot() 命令指定了 numrows、numcols、fignum，其中 fignum 的范围从 1 到 numrows×numcols。如果 numrows×numcols<10，那么这些参数之间的逗号可以省略。

参考代码：

```python
import numpy as np
import matplotlib.pyplot as plt

def f(t):
    return np.exp(-t) * np.cos(2*np.pi*t)

t1 = np.arange(0.0, 5.0, 0.1)
t2 = np.arange(0.0, 5.0, 0.02)

plt.figure(1)
# 创建 2 行 1 列第 1 个图
plt.subplot(211)
plt.plot(t1, f(t1), 'bo', t2, f(t2), 'k')

# 创建 2 行 1 列第 2 个图
plt.subplot(212)
plt.plot(t2, np.cos(2*np.pi*t2), 'r--')
```

程序运行结果如图 11-2 所示。

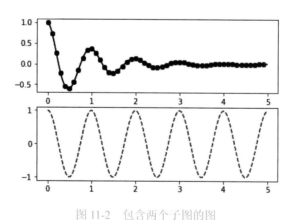

图 11-2　包含两个子图的图

实践题目 3　创建余弦曲线 y=2πt，t 的取值范围为 [0,5]，步长为 0.01，并在图中用箭头标出最大值的位置，并加以文字说明

利用 pyplot 模块中的 annotate() 函数可以向图形中添加示意文本。需要被示意的位置，用 xy 参数指定，且接收 (x,y) 元组；示意文本添加的位置，用 xytext 参数指定，且接收 (x,y) 元组。

参考代码：

```python
import numpy as np
import matplotlib.pyplot as plt
```

```
ax = plt.subplot(111)

t = np.arange(0.0, 5.0, 0.01)
s = np.cos(2*np.pi*t)
line = plt.plot(t, s, linewidth=2)
plt.ylim(-2,2)
plt.annotate('local max', xy=(2, 1), xytext=(3, 1.5),
        arrowprops=dict(facecolor='black', shrink=0.1,width=2))
plt.show()
```

程序运行结果如图 11-3 所示。

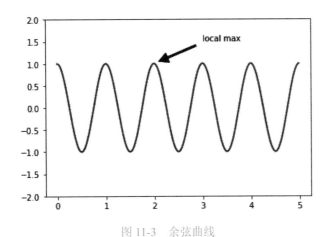

图 11-3　余弦曲线

实践题目 4　创建一个正态分布，均值为 0.5，标准差为 0.4，取 1000 个数，将生成的数据由小到大进行排序，分别使用 linear、log、symmetric log、logit 作为纵轴坐标绘制由 2×2 子图组成的图

Matplotlib.pyplot 不仅支持线性坐标轴，而且还支持对数和逻辑坐标轴（在数据跨越多个数量级时使用）。

参考代码：

```
import numpy as np
import matplotlib.pyplot as plt
from matplotlib.ticker import NullFormatter

np.random.seed(247)
mu = 0.5
sigma = 0.4
y = np.random.normal(mu, sigma, size=1000)
y = y[(y > 0) & (y < 1)]
y.sort()
x = np.arange(len(y))
plt.figure(1)

# linear
plt.subplot(221)
plt.plot(x, y)
```

```
plt.yscale('linear')
plt.title('linear')
plt.grid(True)

# log
plt.subplot(222)
plt.plot(x, y)
plt.yscale('log')
plt.title('log')
plt.grid(True)

# symmetric log
plt.subplot(223)
plt.plot(x, y - y.mean())
plt.yscale('symlog', linthreshy=0.01)
plt.title('symlog')
plt.grid(True)

# logit
plt.subplot(224)
plt.plot(x, y)
plt.yscale('logit')
plt.title('logit')
plt.grid(True)

plt.gca().yaxis.set_minor_formatter(NullFormatter())
plt.subplots_adjust(top=0.92, bottom=0.08, left=0.10, right=0.95, hspace=0.5, wspace=0.35)
```

程序运行结果如图 11-4 所示。

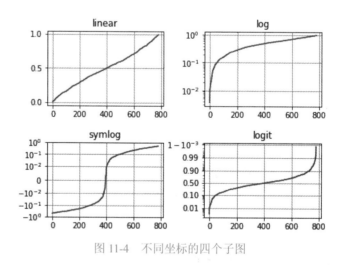

图 11-4   不同坐标的四个子图

实践 2   柱形图与条形图绘制

柱形图和条形图是最常见的数据图形,常用于展示一维的分类数据或者等级数据,可视化元素是位置和高度(长度)。位置表示不同的类别水平,高度(长度)表示每个类别的频数或取值的多少。

实践题目 1　绘制不同年商品销售情况柱形图，销售情况为 2014 年 80000，
2015 年 85000，2016 年 92000，2017 年 100000

在 pyplot 中使用 bar() 函数可以绘制柱形图。

参考代码：

```python
import pandas as pd
import numpy as np
import matplotlib.pyplot as plt

dict_data = {'Year':[2014,2015,2016,2017],'Sales':[80000, 85000, 92000, 100000]}
dict_df = pd.DataFrame(dict_data)
# 将 Year 变为字符串格式
dict_df['Year'] = dict_df['Year'].astype(str)

fig,ax = plt.subplots(figsize=(10,5))
# 绘制不同年份销售数量柱形图，width=0.65
plt.bar(dict_df['Year'], dict_df["Sales"],color="b", width=0.65)
# 设置 y 轴取值范围从 0 至 120000
plt.ylim(0,120000)
# 绘制标题，fontsize=15
plt.title("Sales in different years",fontsize=15)
# y 坐标轴的网格使用主刻度
ax.yaxis.grid(True, which='major')
# 去掉边框
for item in ['top','right','left']:
    ax.spines[item].set_visible(False)
# 设置数据标签
for index, item in zip(dict_df['Year'], dict_df["Sales"]):
    ax.text(index, item + 0.05, '%.0f' % item, ha="center", va= "bottom",fontsize=12)
plt.show()
```

程序运行结果如图 11-5 所示。

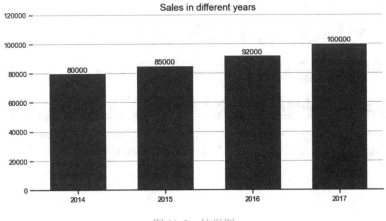

图 11-5　柱形图

实践题目 2　绘制不同月份商品销售情况条形图，删除 x 轴、网格线

在 pyplot 中使用 barh() 函数可以绘制柱形图。

参考代码：

```python
import pandas as pd
import numpy as np
import matplotlib.pyplot as plt
import seaborn as sns

dict_data = {'Month':[1,2,3,4,5,6],'Sales':[12400,14300,9800,10200,8900,13000]}
dict_df = pd.DataFrame(dict_data)
# 将 Month 变为字符串格式
dict_df['Month'] = dict_df['Month'].astype(str)

sns.set(style="ticks")
fig,ax=plt.subplots(figsize=(10,5))
# 使用 plt.barh() 绘制条形图
plt.barh(dict_df["Month"],dict_df["Sales"],height=0.65,color="b")
# 删除 x 轴刻度线
plt.xticks([])
# 添加数据标签
for a,b in zip(dict_df["Month"],dict_df["Sales"]):
    ax.text( b+500,a," %i" % b, ha="center", va= "center",fontsize=12)
# 去掉边框
for item in ['top', 'right', 'bottom',"left"]:
    ax.spines[item].set_visible(False)
plt.title("Sales in different Months")
plt.yticks(dict_df["Month"])
plt.show()
```

程序运行结果如图 11-6 所示。

图 11-6　条形图

实践 3　散点图与气泡图绘制

散点图常用来展示两个数值型变量之间的相关关系，在数据科学中的应用十分广泛。散点图使用的最重要的可视化元素是位置，通过点的位置所反映的趋势来判断两个变量之间的关系。气泡图是散点图的一个变体，以散点的面积大小来表示数值变量的大小，配合位置和颜色可用来展示三维甚至四维数据。

实践题目 1　绘制鸢尾花数据集中 sepal_length（花萼长度）与 sepal_width（花萼宽度）两个变量的散点图

鸢尾花数据集是一个经典数据集，在统计学习和机器学习领域都经常被用作示例。数据集内包含 3 类共 150 条记录，每类各 50 个数据，每条记录都有 4 项特征：花萼长度、花萼宽度、花瓣长度、花瓣宽度，可以通过这 4 个特征预测鸢尾花卉属于 iris-setosa、iris-versicolour、iris-virginica 中的哪一个品种。导入鸢尾花数据集，查看前五行。

```
iris_data=pd.read_csv("iris.csv")
iris_data.head()
```

程序运行结果如图 11-7 所示。

```
iris_data=pd.read_csv("iris.csv")
iris_data.head()
```

	sepal_length	sepal_width	petal_length	petal_width	species
0	5.1	3.5	1.4	0.2	setosa
1	4.9	3.0	1.4	0.2	setosa
2	4.7	3.2	1.3	0.2	setosa
3	4.6	3.1	1.5	0.2	setosa
4	5.0	3.6	1.4	0.2	setosa

图 11-7　鸢尾花数据集

绘制散点图用到 matplotlib.pyplot 子库中画散点图的函数 scatter()。

matplotlib.pyplot.scatter(x, y, s=20, c=None, marker='o', cmap=None, norm=None, vmin=None, vmax=None, alpha=None, linewidths=None, verts=None, edgecolors=None, hold=None, data=None, **kwargs）

在这些参数中，除了基本的 x、y 参数，c 是为点指定的颜色数组，s 是点的面积大小，alpha 是点的颜色的透明度，marker 是指定点标记的形状。

参考代码：

```
import pandas as pd
import numpy as np
import matplotlib.pyplot as plt
import seaborn as sns

iris_data=pd.read_csv("iris.csv")

sns.set(style="ticks")
fig,ax=plt.subplots(figsize=(6,4))
# 使用 plt.scatter() 绘制散点图
plt.scatter(iris_data["sepal_length"],iris_data["sepal_width"],
        color="c",edgecolor="w",s=100)
# 设置 x 轴标签
plt.xlabel("sepal_length")
# 设置 y 轴标签
plt.ylabel("sepal_width")
```

```
# 设置网格线
plt.grid(True)

plt.show()
```

程序运行结果如图 11-8 所示。

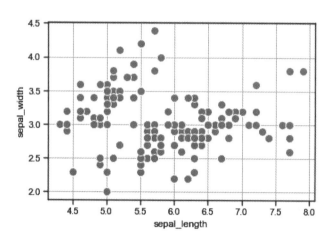

图 11-8 散点图

实践题目 2 读取 example2.csv 中的内容。绘制鸢尾花 sepal_length（花萼长度）与 petal_length（花瓣长度）气泡图，气泡大小由 petal_width（花瓣宽度）决定，气泡颜色由 sepal_width（花萼宽度）决定

使用 matplotlib.pyplot 子库中的 scatter() 函数即可绘制气泡图，需要添加散点的面积大小和颜色两个维度来体现四维数据。

参考代码：

```
import pandas as pd
import numpy as np
import matplotlib.pyplot as plt
import seaborn as sns

iris_data=pd.read_csv("iris.csv")
sns.set(style="whitegrid")
fig,ax=plt.subplots(figsize=(10,5))
z=iris_data["petal_width"]
plt.scatter(iris_data["sepal_length"],iris_data["petal_length"],
        c=iris_data["sepal_width"], alpha=0.6, s = (z-np.min(z))*100,
        cmap="viridis")
# 绘制网格
plt.grid(True)
# 绘制 x 轴标题
plt.xlabel("sepal_length")
# 绘制 y 轴标题
plt.ylabel("petal_length")
# 绘制色阶条
plt.colorbar()

plt.show()
```

程序运行结果如图 11-9 所示。

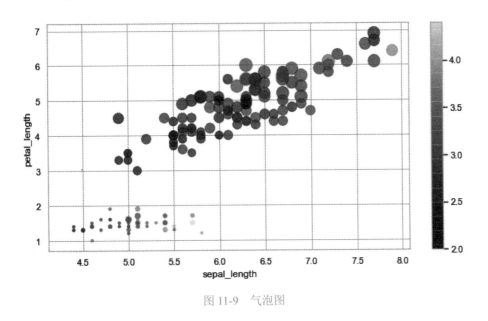

图 11-9　气泡图

本章小结

通过实践使读者进一步理解和掌握利用 Matplotlib 库绘制基本图形的方法；理解和掌握坐标轴、标题、示意文本、坐标轴、子图的设置方法；熟练运用 Matplotlib.pyplot 模块中的 bar() 函数和 barh() 函数绘制柱形图和条形图；熟练运用 Matplotlib.pyplot 模块中的 scatter() 函数绘制散点图和气泡图。

参考文献

[1] 董付国. Python程序设计基础[M]. 2版. 北京：清华大学出版社，2018.

[2] 董付国. Python程序设计实验指导书[M]. 北京：清华大学出版社，2019.

[3] 明日科技. 零基础学Python[M]. 长春：吉林大学出版社，2018.

[4] 吕云翔，郭颖美，孟爻. 数据结构（Python版）[M]. 北京：清华大学出版社，2019.

[5] 吴灿铭. 图解数据结构：使用Python[M]. 北京：清华大学出版社，2018.

[6] 裘宗燕. 数据结构与算法：Python语言描述[M]. 北京：机械工业出版社，2016.